U0154054

# 我餐桌上的書

25部經典文學的美味人生

鄭恩芝 著
李靜宜 譯

獻給一談到吃，就喜不自勝的你。

自序

# 我是
# 美食成癮者

▼
▲

「這世上沒有比享受美食更加令人雀躍的事了。」聽到朋友這般的宣告後，我們兩個同時爆出了笑聲，在這句話甫說出口前，我們才剛一口氣掃光當季油潤潤的鰤魚生魚片、烤到金黃酥脆的鯛魚頭以及為數不多的海膽。

這句話十分正確。確實沒有比跟喜歡的人共享美食還美好的事情，儘管現在氣氛如此融洽，但是仍有一件不能說出口的祕密，那就是我更偏好一個人獨自用餐，因為一個人吃飯可以肆無忌憚、更心無旁鶩地專心埋頭在吃這件事情上，也因為這真的是自己的偏好，所以更想要一個人獨享。有時候，我會吃一堆蒜頭搭配一隻烤全雞，再加上清涼無比的啤酒；有時候則會以辣醬烤豬肉配上一大碗白飯。

又或者在司康餅上豪邁地加上厚實的鮮奶油，配一杯以廉價茶葉煮成的印度香料茶。我從不擔心一旁堆積如山待洗的碗盤，我會把精心蒐集而來的杯盤全都拿出來，為自己擺滿一桌美食佳餚，然後在酒足飯飽之際走到書架旁。

「餐桌上的書，只有固定幾本能讓人產生一種偷偷摸摸的快樂，關係不夠深的友人是不能受邀跟我一起用餐的，那些書，不只是看了幾十次，而是已經看過幾百次，早就背得滾瓜爛熟了，或許正因為老是重複翻閱著同樣的內容，不必等我翻頁，書自然而然就會打開到那一頁了。在享用心愛的盤子盛裝著美食的同時，邊閱讀喜愛的書籍，還會有比這更令人覺得愉悅的情景嗎？」

從小我就對故事裡提到吃的篇幅特別感興趣，對於誰的王位被搶，還是誰被海盜綁架，倒楣遇到船難漂流到無人島等劇情一點也吸引不了我，反倒是故事裡提到烤海鳥、挖球莖來吃的情節，或是主角在餓到兩眼昏花之際突然發現牡蠣，二話不說硬是用刀子努力把牡蠣扳開，飢渴的把嘴巴湊過去，透過閱讀好像自己也能聞到從主角嘴邊流出來的牡蠣湯汁的鮮味而醉心不已。史蒂芬・金曾經在《死亡之舞》中提到，自己之所以會沉溺於恐怖，全是因為想像力的緣故，這也是何以我只關注吃的場景，以及吃的描述的理由，以文字描述的力量反而比圖片來得強大，我必須承認，這個世界上沒有吃過的食物是最美味可口的，因為我會持續想像，並讓想像無限延伸。

網路的崛起將想像的世界拉回現實，我發現網路上喜歡跟吃有關的故事的大有人在，這個世界把他們和我稱為「美食成癮者」。

美食成癮是一九九〇年代後期才出現的名詞，意指性幻想的對象由人變成了食物，文字與圖片刺激的對象不再是性器官而是唾液線和五臟六腑。崇拜美食成癮的人數以驚人的速度增加，此時仍不斷擴散。維基百科美國版列出最受歡迎的「美食節目」就有一百個，美國亞馬遜書店光是一個月之間，就有二千多本不同的美食書籍上架，就連主要以出版古典小說的Modern Library也另以Modern Library Food的名義出版虛構、非虛構美食的相關書籍，Penguin出版社也另闢了Penquin Great Food系列。

對美食成癮的人來說，相較於書本和電影，網路才是他們心中的天堂，網路流量大的地方一定有美食的存在，記載美食的部落格網路流量一定很大。像是網路新聞、網路影片、大型入口網站、網路同好會等等，都是美食照片的天地，各大網站最受歡迎的部落格也都是美食類，現在這個時代，應該沒有專門介紹美食的部落客是沒有附上精采照片的，訂閱美食部落格的網友數為數不少，專寫美食部落格的人也很多。

目錄



## 旅人的餐桌

## 探險家的餐桌

## 老饕的餐桌

## 療癒者的餐桌

## 生存者的餐桌

我們每天總不免做著出走的夢，然而一旦落實到現實生活中，才會明白原來我們已經擁有很多，那些瑣碎、枯燥的事物竟然也如此重要！離開生活的畏怯總是戰勝對於航向未知的憧憬，於是改為在書本裡旅行，這也是最安全的迷路方式。

# 旅人的餐桌

THE NÜRNBERG STOVE
V.C.ANDREWS
CHARLES DICKENS
MOTHER GOOSE
STEPHEN KING
Daddy-Long-Legs
NOBODY'S BOY

我剝著豌豆，妻子用生魚片刀料理鮭魚，
因為魚肉實在太鮮美了，我們忍不住就站在廚房裡，
沾著放了芥末的醬油直接吃了起來。正在大啖生魚片時，
突然開始想吃白飯，剛好還有昨天的剩飯，
鮭魚片和梅漬醬菜於是成了下飯的小菜，
吃著吃著還意猶未盡，趕緊再端出花枝生魚片，
肉質軟嫩非常可口，我拿煮過的豌豆代替醃白菜，
總覺得還是缺少一味，趕緊又煮了一鍋味噌湯，
於是我們就站在廚房裡，簡單地解決了一頓午餐。

——村上春樹《遠方的鼓聲》

# 被村上春樹釣上的人群

▼
▲

**眞鍋先生現年三十出頭**，雖然沒有一份領固定薪水的工作，但也不缺錢，他喜歡做菜，也喜歡看書、電影與音樂，對流行雖然不是很敏感，但也有固定喜愛的品牌，或許稱不上是萬人迷，但一兩個示愛的女人總是有的，令人詫異的是，他非常勤於運動，而動機純粹只是為了可以每天喝啤酒。

恐怕沒有人比村上春樹小說裡的主角還要安逸，縱然沒有財富權力，每天照樣可以悠哉地生活，這跟安貧樂道或是生活儉樸是毫不相干的，他所追求的只有快樂與奢侈，其實也不是什麼大事，都是些渺小而實在的幸福，如塞滿一堆摺得整整齊齊內褲的抽屜，在冬夜裡窸窸窣窣溜進被窩裡沉默的大肥貓，或者是一件新買來的布克兄弟的白色棉襯衫。其實除了日本，村上春樹也風靡了韓國整整一個時代，他的文筆清新，對那個躁熱又潮濕的年代而言，是一陣陣前所未有的涼風。

村上春樹化平凡為神奇的功力了得，通常沒有什麼特殊的事件，以一些日常瑣碎當引子，再從中道出深奧的見解，有時一整天遊手好閒，可以為了一時興起想吃頓飯，煞有其事的準備外出，沒有朋友的邀約，也不是非要上館子不可，他就是會莫名堅持到外面吃平常在家裡會煮的義大利麵。有時，大白天的就在蕎麥麵店裡喝起啤酒來，他時間多，錢也有不少，很多都是我生平所聽到最匪夷所思的事情，簡直是一種讓人豔羨的「酷到不行」的生活方式。

這種村上式的生活型態，成為一種強烈的誘惑，小確幸（雖然微小，卻很確實的幸福）的支持者如雨後春筍般順勢而生。他們最喜歡村上經常光顧的小店「兔子亭」，那是一家隱身在靜謐的住宅區裡，沒有任何招牌，全靠口耳相傳的小店，裡面頂多坐十個人，雖然是老闆一人包辦店內大小事，卻也沒有雜亂無序的感覺。老闆是一位謎樣的人物，有人謠傳他曾經混過黑道，看起來倒也不像是什麼凶神惡煞，脖子上有清晰可見的刀疤。菜單上只有兩種定食，其中一種定食主菜每天都會更換，隨餐附上大麥飯、蛤蜊味噌湯、一大碗的生菜沙拉、清脆的醬菜、涼拌菠菜或涼拌香菇。另一種是可樂餅定食，有兩塊飽滿肥厚的可樂餅，一塊保留原味，另一塊淋上特製沾醬，餡料以馬鈴薯跟牛肉製成，吃的時候用筷子把可樂餅夾成小塊，外層口感酥脆，內餡則像是要把舌頭溶化般的燙嘴，幾口啤酒配上幾塊可樂餅，如此讓人飄飄然的幸福，雖然微小，卻很是紮實。

CUTTY SARK
SCOTCH WHISKY

▾
▴

一九七八年四月一日，村上獨自坐在神宮棒球場的外野區，一邊喝著啤酒一邊看棒球，看到養樂多隊的大衛・希爾頓擊出二壘安打的瞬間，突然閃過自己可以寫小說的念頭，當時他二十九歲，正在經營一家爵士酒吧。他利用酒吧打烊後的時間開始寫作，七個月後完成第一部出道代表作《聽風的歌》，初試啼聲就一舉拿下群像新人獎，得獎後他照常做生意，之後的幾年也都是利用打烊後的時間寫作，即使後來他把店收掉，也會在固定的時間到書桌前報到，因為他把寫小說視為是生活的一部分，覺得不應該為此而荒廢生活。

村上從一九八六年到一九八九年在歐洲住了三年，目的並不只是為了旅行，他在義大利和希臘租了個小公寓，在當地生活了起來。期間他持續寫作，更在當地發現另一間「兔子亭」，擅自稱之為「稚鳩亭」，或許你會滿腹狐疑，為什麼一間位於義大利鄉間的小餐館何以如此命名，原因很簡單，因為餐廳本來就沒有名字。稚鳩亭原是一家

旅館，由某個瑞士人買下改建成別墅，某日別墅的主人阿納克莫名接到一通表明要訂房的電話，主人沒有不高興，反而說：「雖然我不知道是怎麼一回事，若你想來就來吧！」

CUTTY SARK

SCOTCH WHISKY

主人每天早上睜著惺忪睡眼開車出去買剛出爐的可頌和小圓麵包，早餐菜色極豐盛，有一大盤排列整齊的火腿和起司、清晨剛下的雞蛋做的炒蛋、現榨果汁、咖啡、水果什錦沙拉、現摘的水果，還有蘋果派。午餐跟晚餐則是自行到街上的餐廳解決，設在戶外的餐桌上，擺著義大利麵、牛肉與香菇料理、夏季時蔬慕斯以及烤茄子片，點心是巧克力慕斯。走出旅館散步以消化肚子裡的食物時，旅館養的狗狗會歡天喜地追過來，若走進樹林，採松露的大叔會熱情的打聲招呼，入夜後據說兔子跟野豬會來偷吃葡萄跟杏桃。

▼
▲

村上離開日本時正值三十七歲，正好是踏入文壇的第八年，那時他還不是遠近馳名的作家，只能算是業餘作家，他覺得一旦過了三十歲的關卡，就算是到達人生的轉捩點，他的離開是一種精神上的蛻變，能夠幫助他再度提筆寫作，村上在歐洲三年寫了兩部小說，其中一部是《挪威的森林》，當小說熱賣到十萬冊時，村上體認到自己是深受讀者喜愛的，但是當銷售的數字直直攀升到一百萬冊時，他開始感到孤獨，覺得身心疲憊並且心亂如麻，幸好孤獨和心情上的混亂並沒有持續很久，不管這一切究竟是好是壞，至少他已經瞭解自己的定位，繼《挪威的森林》之後，村上一躍而上代表日本作家的行列，他曾經獲得諾貝爾文學獎的提名，在現今的日本作家當中具有舉足輕重的地位。

二〇〇九年，適值耳順之年的他發表了《1Q84》，雖然韓國再度因為他新作品的問世颳起了一陣旋風，但事實上我並沒有看這本書，因為他變了，我也變了。十五年前，我信誓旦旦立下要飛去日本親身走訪兔子亭的豪願，然而現在的我絲毫提不起興趣，因為我知道那家店根本不存在，兔子亭太美好了，是一則典型的村上式故事，所以沒有存在的道理，我沒有因此而大失所望，就算兔子亭是村上心目中的一則理想也無妨，因為不管旁人怎麼說，他還是會繼續虛構日常生活，使我著迷的正是那些虛構，所以也沒有必要去揭穿真偽，而我，只是再也不會被他的故事所魅惑罷了。

雖然我已經不再閱讀他的小說，但是那些他創造出來的村上式的生活仍烙印在我心裡，在我遇見村上以前，我幾乎滴酒不沾，也不會有想吃可樂餅的念頭，自從村上走進我的生活後，偶爾我會有一股想要吃可樂餅的強烈欲望。

被炎熱的天氣折磨一整天，在下班後前往捷運站的路上，我的腦中充塞著清涼啤酒的身影。等回到家脫掉身上的衣服沖涼，再換上舒服的衣服，便一屁股坐在地板上然後伸直雙腿，從冰箱拿出啤酒，順手打開零食，若是夏天，我便咕嚕咕嚕地把啤酒灌下肚，冬天，我會邊看書邊啜幾口卡提撒克紅茶，不過手中看的並不是村上春樹的書，要是被他知道，他肯定會抓狂，若換做是真鍋先生，最少他也會做點表面功夫，佯稱他並不在意吧。

## 《遠方的鼓聲》

村上春樹

我自己也不明白為什麼不習慣直接以村上稱呼村上春樹。戀上春樹的散文與愛情，開始閱讀〈地下鐵銀座線的大猿詛咒〉的瞬間，這股熱度一直延續到「小確幸」，直到「跑了42公里後喝的啤酒」變成熊熊烈火，沉寂了一段時日後，再度因為〈所謂自己是什麼？（或美味的炸牡蠣吃法）〉重新活了過來。喜歡春樹的散文多過於小說的人為數衆多，我也是其中之一，覺得《遠方的鼓聲》才是最冠絕一時的作品。從義大利到希臘，再重回義大利，然後轉向奧地利，春樹的異鄉人生活一點都不寂寞，反倒很安逸，他作品的魅力在於世故的扭曲，有時候過了頭，也會給人假假的感覺。然而《遠方的鼓聲》雖然不很精緻，卻格外吸引人，像真鍋先生這樣的人，是春樹筆下十分典型、且經常會出現的角色，不管是主角或路人，事實上真鍋先生這個名字，也是春樹的插畫家好友安西水丸的本名。

如果已經在廚房裡先試吃過，
那些平凡甚至曾經讓你提不起食欲的食物
在雲端上，會有全新的味道而且變得誘人。
我們在一個不像家的地方接過了飛機餐
卻像是回到家裡一樣舒適。

——艾倫・狄波頓，《旅行的藝術》

# 方形餐盤上的曼陀羅

▼
▲

先假設你在二○○九年夏天曾經拜訪過倫敦。高溫烈日自然不必多說，偏偏又是下雨又是起霧，很難不讓人陷入憂鬱。一頓不像樣的餐點價格高得讓人瞠目結舌，當你一路問人好不容易來到Burberry折扣店，卻發現沒有一樣東西下得了手，灰心喪志之餘還得聽在一旁早已等的不耐煩的母親發一陣嘮叨，這樣的旅行恐怕讓人一想到就頭皮發麻。

以一堆鋼筋和玻璃建造而成的希斯洛機場第五航廈，是英國境內最大型的獨棟建築物。又高又黑的天花板底下有張書桌，上頭擺了汽水瓶、玻璃杯和筆記型電腦，一個看起來不大像機場員工的男子端坐於前，他的眼睛沒有盯著電腦螢幕，而是飄向來來往往的人潮，你或許會狐疑：「那個禿頭是誰啊？」

禿頭男子正是艾倫・狄波頓。他之所以賴在登機口不走，可不是打算在此地進行示威抗議，而是因為受到經營希斯洛機場的公司BAA的邀請，前來此地當「駐站作家」，工作內容是待在第五航廈寫作整整一個星期，確切來說算是一種行為藝術。那麼在機場這種地方能寫得出東西嗎？答案是肯定的，如同狄波頓所說，創意思考像一隻害羞的動物，你越緊盯著牠想要看穿牠，牠就硬是待在巢穴中不肯出來，在你不經意望著擁擠的通道、航廈時，靈感就會一聲不響溜出來見人，在觀察過登機口、免稅店、候機室、飛機餐工廠、飛機棚、管制區的眾生百態後，「機場內的小旅行」於是誕生了。

為什麼我們會對旅行如此著迷？陌生的地方雖然使人感到孤單，但也讓人放鬆，你可以吃平常不易吃到的食物，穿上平常不會穿的衣服，甚至做平常不會做的事情，就算沒做什麼特別的事情那又何妨，只要能夠脫離日常生活圈就已足夠。

狄波頓對於那些構築旅行的背後功臣是極度給予讚賞的，譬如飯店、道路、加油站、小餐廳以及機場，那些不是目的地是一種手段，不是停留駐足的地方，是暫時經過的中途站，是一種不能算是場所的場所。那位只要心情不好，就會到機場看飛機起飛降落的男子，現在大搖大擺被請入機場作客寫文章賺錢，也因為這樣，機場終究成了場所，成為作家艾倫・狄波頓一個星期的住所。

▼
▲

第一次世界大戰後才有了第一座民用機場，早期的民間航空公司主要由退役機師組成，大多負責郵遞業務，後來才開始載乘客，當時的飛機餐是從機場內的餐廳或附近飯店買來的蘋果或三明治。

正式有飛機餐這玩意兒始於一九三四年，當時聯合航空直接在奧克蘭機場開設空廚。一九四五年泛美航空和廠商共同開發出對流烤箱，可將冷凍食物解凍加熱後，放進保溫容器內以提供微溫食物，後來航空公司傾向於和餐飲業者合作取代自己開設空廚，跟航空公司配合的餐飲業者通常會把據點設在機場內或機場附近，不同的航空公司若在同一機場起飛，有可能和同一家餐飲公司配合，當然，同一家航空公司的飛機有可能跟不同的餐飲業者配合，端看起飛的機場而定。

飛機餐的菜色會隨航空公司以及艙等的不同而有所變化，每個國家的飛機餐有該國的特殊口味，讓人意外的是對於飛機餐的評價全世界的口徑是一致的，中東、亞洲機隊的飛機餐大抵廣受好評，外傳北美的機隊是最下乘的。另外只要事先申請，也可以享受特別的餐點，像是低脂低熱量餐、低蛋白質餐是屬於醫學上的特別餐點，有專為猶太教、伊斯蘭教教徒準備的餐點，當然也有素食餐與兒童餐。

在雲端上飛翔是人類長久以來的夢想。在早期，花錢乘坐民間航空公司的飛機是金錢所能買到最棒的經驗，人人無不以吃到飛機餐為一種殊榮，光是置身在雲端上用餐這件事情，即使是平凡的餐點也覺得有天堂美食的感覺，時至今日，搭乘飛機旅行已然不再是一種奢侈，只是一種

H A P P Y M E A L

幫助你更快抵達目的地的交通工具，坐的人覺得身不由己，巴不得航程越短越好。到了一九七〇年代，隨著民航局設立的限制放寬，新成立的航空公司大舉登場，為了生存開始大打低價戰，於是紛紛撤銷一些免費的服務機制。隨著廉價機票時代的來臨，各家航空公司的價格戰也打得越來越頭破血流，大型航空公司也不落人後，打出價格決定機上服務的策略，一些航空公司已經取消國內航線供餐的服務，花生和蝴蝶餅必須付費才能享用，二〇〇八年US航空曾經對水、咖啡、可樂全面進行收費，但後來又自己摸摸鼻子重新恢復免費供應。允許乘客自行攜帶便當，或是付錢買餐的BYO（bring your own or buy your own）政策的確可以為票價帶來折扣，也有人覺得降價幅度跟節省費用比起來太小了。

到底取消提供飛機餐的服務可以省下多少錢？以經濟艙來說好了，航空公司要付給餐飲包商一人份餐點的價格是二十美元，萬一當天座位沒坐滿，多出來的餐點是由航空公司吸收，再者，餐點的重量會增加飛機燃料的損耗，還得考慮到添置特殊烤箱或咖啡機、空姐空少的人事支出費用，若運送飛機餐的過程出了差錯還會延誤飛機起飛的時間。美國航空公司曾經對外發表，二〇〇五年因為取消機上免費供餐的服務，減少了三千萬美元的開銷，聯合航空取消短程航行免費提供蝴蝶餅的服務，也減少了六十五萬美元的支出，乍看之下似乎是非常龐大的數字，其實也只佔了總收入的一%，取消飛機餐只不過是航空公司無病呻吟的把戲，而航空公司也不否認折扣並沒有實際節省下來的多，不過倒是有許多人樂見其成，畢竟也有人不愛吃免費的飛機餐，倒不如讓機票降價還來得實際些。

有人表示，吃微波的飛機餐跟花兩塊美金買的食物味道一樣，這句話一點也不假。飛機餐為什麼不好吃？癥結點在於需求量很大，廠商必須依照起飛的時間匆匆忙忙做準備，狄波頓曾到餐飲業者Gate Gourmet參訪，據聞他們每天必須做出六十八萬五千份飛機餐，倘若遇到飛機起飛時間有變動，他們就必須把冷掉的食物重複進行加熱，好端端的食物被這麼一搞，如果還很美味那就奇怪了。還有另一則說法，聽說高空與機內噪音會對人的味蕾產生影響，就算食物變得硬梆梆失去了原有風味，乘客本身也吃不出來，這也是為什麼飛機餐總是鹹得要死的原因。

食物美不美味是其次，最重要的還是衛生問題，在密閉的空間內萬一發生食物中毒，會帶來極嚴重的後果，一九九二年曾經發生過阿根廷航空飛機餐裡的蝦子被霍亂弧菌污染的事故，除了有幾位乘客發病，還有一個人因此喪命。二〇一〇年美國食品藥品監督管理局就曾經指證歷歷，在世界最大餐飲包商的三個據點發現許多死蟑螂和蒼蠅，而且製作過程明顯違反許多規定。

▾▴

飛機餐又髒又難吃，還是有許多人偏偏鍾愛這一味，即使是被困在綁手綁腳的狹小座位上，後座的毛頭小孩三不五時就踢打你的椅背，照樣可以小心翼翼提著塑膠叉子專注在食物上面。其實飛機餐省下來的錢，足夠到一家中上水準的餐廳外帶一份食物，但是話說回來，飛機餐至少會有一樣東西是好吃的。

一些網站專門介紹世界各地的飛機餐，像是Airline，Meals.net以及airplanefood.net，即使這些網站上老是上傳一樣的食物、構圖類似的飛機餐照片，網友們的留言還是踴躍依舊。不管你信不信，甚至有人發起飛機餐懷舊活動，美國的西北大學圖書館架設專門的網站介紹一九五〇年以後的飛機餐點，例如一九六三年聯合航空從華盛頓飛往丹佛的飛機餐是龍蝦雞尾酒、搭配白飯的花椰菜與雞肉以及巧克力蛋糕，看到這些沒有照片的菜單，不曉得大家會怎麼幻想？

為什麼我們會被飛機餐蠱惑？探究其原因大抵是因為對旅行的期待遠比旅行的本質更有吸引力，畢竟幻想總是優於現實，欺瞞也總是比現實美好的緣故。當你人坐在飛機內從空姐手上接過餐盤，打開塑膠蓋的那一剎那，這份期待便達到了最高潮。在這塊四方形的餐盤上有一個自成一格的小宇宙，飛機餐是旅行的完美縮圖，同時也是旅人的曼陀羅，那些形形色色的塑膠容器已然成為無意識的旅行自我象徵，而使我們付出全盤的注意力。

狄波頓並不貪戀現代的非人格性（impersonality），他是那種會被疏遠與孤立吸引的人，對狄波頓來說，機場是現今世界想像力的中心，只要是關於世界化、環境破壞、家族崩潰、現代的主題，都會借用水泥的型態做莊重的表現。書本出版後他曾對外表示想再度回到機場，而我也是一樣，我老想著找一天讓自己就待在機場，欣賞行色匆匆的人們，然後放心地讓自己迷路。

## 《旅行的藝術》

艾倫・狄波頓

艾倫・狄波頓之所以被稱為「日常哲學家」，主要是因為他不會只是生硬的說明哲學理論，他會從日常生活的點滴去探討，不過他的文筆離親切、樸實有一段距離，帶點冷漠與陌生，隱約點出知識份子的虛榮心，喜歡跟討厭狄波頓的人理由是相同的，在於是否對狄波頓的文章是否能夠產生共鳴。他有很多關於讚美旅行的小品，偶爾也有憎惡旅行的作品。不過對於旅行的本質稍微採輕蔑的態度，反將重點集中在旅行周邊的書，就只有在《旅行的藝術》一書才看得到，這也正是艾倫・狄波頓的本事。

「把鹹豬肉切成薄片放進水裡煮，水滾之後將水倒掉，
然後把鹹豬肉沾麵粉丟進鍋裡炸，炸到金黃酥脆後，
撈起來放在盤子上，炸剩的油等會可直接當奶油使用，
接著熱油鍋，將麵粉炒成咖啡色後加入牛奶，
持續攪拌至沸騰，這就完成了肉汁。」

——蘿拉．英格斯．懷德，《銀湖畔》（《大草原之家》系列第四集）

# 一頭豬的幻境

▼
▲

蘿拉．英格斯．懷德是實際存在的人物，生於一八六七年二月七日，卒於一九五七年二月十日，《大草原之家》為敘述拓荒者少女搭著篷車橫跨美國全區，從明尼蘇達州到南達科他州的真實故事。

父親查爾斯是一位勤勞又正直的工人，更是一位非常愛護妻子與女兒的大家長，他是個浪漫主義者，個性放浪不羈，要是發現有適合居住的地點，就會立刻催家人打包行李出發，儘管三餐都還沒有著落，他卻賒帳買了新型的火爐跟風琴，把十六歲女兒做針線活賺來的辛苦錢花個精光，所以蘿拉一家人總是一貧如洗，食不果腹。

蘿拉在《大草原之家》（第二集）中，有整整一年的時間只能吃打獵得來的肉和麵包，他們辛苦開墾期盼收成那天的到來，無奈在作物剛發芽時被迫離開。《梅溪河岸》（第三集）提到因為慘遭蚱蜢的襲擊，農作物屢遭破壞，查爾斯穿著破鞋子走了三百二十公里路外出打工，一家人好幾個月只好在溪邊抓魚填飽肚子，數度瀕臨幾乎活活餓死的窘境。在《漫長冬季》（第六集）中，火車因為暴風雪中斷行駛七個月，食物價格飛漲，蘿拉家因為沒有積蓄，也差一點因存糧不足餓死。

對於一直與貧窮為伍的蘿拉而言，丈夫亞爾曼的孩提時期對她來說簡直是遙不可及的夢想世界，《農場少年》（第五集）是寫關於亞爾曼的故事，蘿拉對於富有農家的餐桌做了非常細膩的描述，宛如親臨現場。即使不是星期天也能吃到脆皮燒肉與南瓜派，便當除了有奶油麵包，還有香腸、甜甜圈、蘋果、蘋果派，亞爾曼趁父母不在家自己嘗試做冰淇淋，不痛不癢耗掉了六杯砂糖，這是蘿拉家一家子整個冬天使用砂糖的量，蘿拉在教堂看過的烤乳豬，是亞爾曼一家聖誕節當天上桌的食物之一，當蘿拉在大熱天底下一邊捆乾草，一邊喝糖、醋、生薑調成的飲料解渴時，亞爾曼早晚都能喝到用大量牛奶、雞蛋、糖做成的冰蛋酒。

▾
▴

等到開始颳起冷風，就是宰殺家畜儲備糧食的時候了，亞爾曼家宰了五隻豬跟一隻小牛，而蘿拉家裡則只有一頭豬。宰豬當天一早就得開始生火，掏出豬的內臟後，將豬身上各部位的肉割下來放到滾水裡汆燙，待熱氣稍退後，就用大刀子刮去肉上的毛。

豬腿以鹽巴、楓糖、砂糖、硝酸鈉煮過，煮好後放在鍋裡冷卻做成煙燻火腿，腎臟、肝臟、舌頭、胸椎原封不

大草原之家

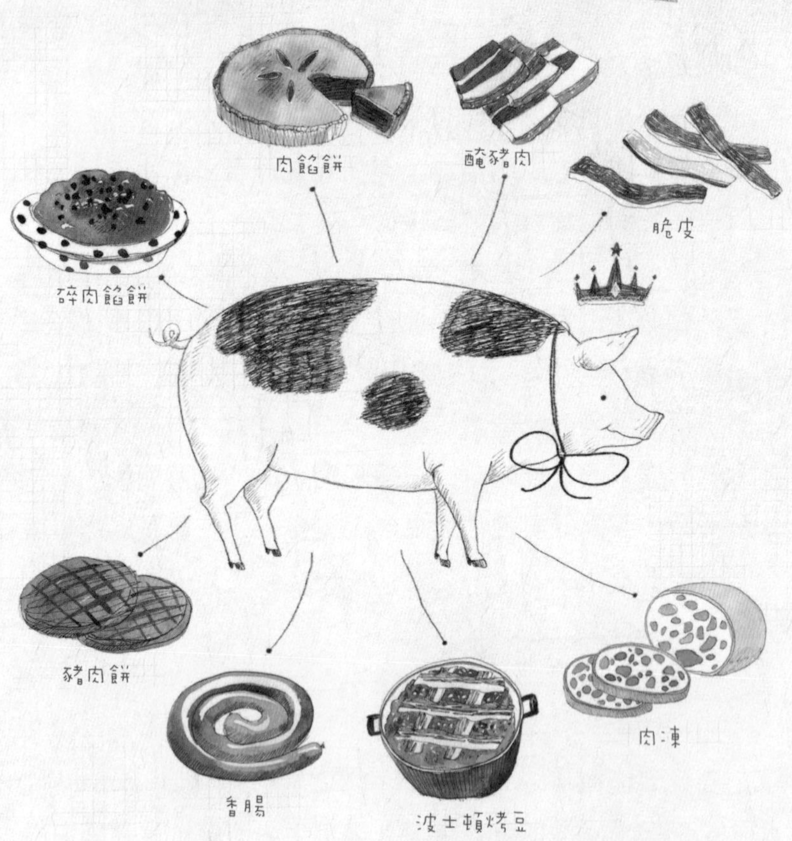
肉餡餅
醃豬肉
脆皮
碎肉餡餅
豬肉餅
香腸
波士頓烤豆
肉凍

動放在閣樓結冰，排骨放進烤箱內烤當晚餐。

男人的活兒在太陽西下時告一段落，女人們整個星期忙進忙出。瘦肉煮熟後搗碎，跟葡萄乾、香料、砂糖、醋、蘋果泥、白蘭地一起均勻拌勻，就能做出碎肉餡餅（mincemeat），現做現吃雖然美味，也可以保存一個月變成碎肉派。不管是以前還是現在，碎肉的命運通常是做成香腸，或者是把肉絞碎，以鹽巴、胡椒、香料醃漬，捏成大大的肉丸子。沒有進行煙燻的生香腸，通常接近豬肉堡或豬肉餅，早上可將結冰的生香腸切片下油鍋炒來吃。像五花肉這樣油脂較多的部位通常會抹鹽巴放到罐子裡存放，這就成了醃豬肉或白培根。醃豬肉曾經風靡一時，直到能夠供應一整年新鮮肉類的冷藏保鮮火車問世，在當時一些販賣衣料、農器具的鄉下地方百貨行，甚至會以醃豬肉代替貨幣使用。查爾斯光顧那些商店時，從不會忘記帶回糖、紅茶、香菸以及醃豬肉，亞爾曼的父親詹姆士，也曾經以醃豬肉代替工錢發給前來打零工的法蘭奇・喬和雷居・約翰。

炸到金黃酥脆的醃豬肉經常出現在早上的餐桌上，鍋裡殘存的豬油滴（dripping）凝固後，還可以拿來當成奶油、人造奶油、起酥油、沙拉油使用，英國的道地美食炸魚薯條就是用豬油滴下去炸的，在《梅溪河岸》中提及油炸花鯰、梭子魚以及其他不知名魚類的油，使用的也是醃豬肉的豬油滴。醃豬肉亦可用來提升其他菜餚的風味，

在《銀湖畔》的聖誕節大餐中，波斯特夫人就曾經說過：「我知道為什麼烤兔肉會這麼好吃，那是因為英格斯夫人放了醃豬肉切片的緣故。」在炒肉炒菜之前，如果能先以醃豬肉爆香，可以增加香味並有提味的效果，醃豬肉更是讓焗豆（baked beans）美味提升的祕訣。對於那些缺乏蛋白質的拓荒者而言，焗豆這道菜簡直功不可沒。它是幫助蘿拉度過長達七個月寒冬的大功臣，是小亞爾曼跟父親去博覽會時大吃特吃的食物，蘿拉在新婚後舉行的第一場新居宴客中搞砸的也是這一道料理。

豬是一種全身能夠物盡其用的動物，例如將豬頭煮熟後搗碎加入一些調味料，放涼後會像涼粉一樣凝固起來，這便是水晶餚肉，很多人不知道水晶餚肉就是豬頭肉做的。把豬尾巴串在竹籤上交給孩子，他們就會興沖沖地握著豬尾巴串，心甘情願一整天蹲在火爐前烤著吃。豬的膀胱可以做成皮球，就算是內臟裡的油脂也有用途，即使油脂部分很少，只要聚攏在一塊兒後放進鍋子裡煮，用棉布瀝一瀝，就可以製成豬油，這些豬油可以用來烤肉烤海鮮，或加進做派或蛋糕的麵糊裡，也可以用來炸甜甜圈，也有人直接抹在麵包上吃。肉渣也不會丟棄，正好可以做脆皮（crackling）。

對於脆皮這玩意兒，蘿拉和亞爾曼都沒能盡情吃過，普羅大眾認為那對小孩子來說太過油膩，不過大人就不在此限了，在冷冬日出而做日落而息的日子裡，高熱量的特質反而有其優點。結束一天的辛苦工作後，若想來點鹹香酥脆的食物，恐怕再也沒有比脆皮更讓人欣然同意了！乾吃脆皮就很好吃，但是普遍也會用來幫強尼蛋糕（johnny-cake）或玉米麵包味道升級。

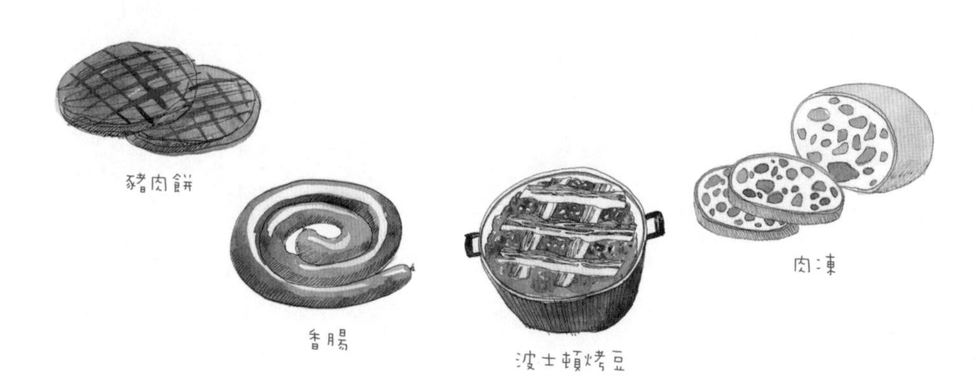

▼
▲

亞爾曼出生於一八五七年，蘿拉晚了十年才出生。亞爾曼是個富有的農家子弟，家裡養了二十五頭牛而且還擁有好幾匹馬，而蘿拉則從小跟姊姊共用一個馬口鐵做成的杯子長大，沒有人知道何以亞爾曼甘心離開父親衣食不愁的農場，來到一個人口不到一百人的小村落，他們後來結了婚，兩個世界也就產生了交集。

他們的新生活並不順利，女兒順利出世，但是兒子在命名以前就夭折了，蘿拉被產後憂鬱症所苦，雙眼曾經短暫失明，亞爾曼後來染上白喉病被迫截肢，新婚的四年內，農地被冰雹襲擊受旱災所苦無一收穫，後來房子更慘遭失火，不過即使遭逢如此多的災難，他們仍毅然決定當個農夫。

故事雖然於此結束，而生活仍繼續向前，後來蘿拉和亞爾曼決定離開他們的新婚居住地德斯麥特村，他們到了明尼蘇達，再前往佛羅里達，然後又回到德斯麥特，最後在密蘇里州的曼斯菲爾德定居，他們終究在落磯嶺農場找到了幸福，獨生女蘿絲長大後成為一位有影響力的女作家兼思想家，酬勞是當代的最高水準，可惜到了現代，不太有人記得蘿絲・懷德這號人物，反倒是在六十五歲出書的蘿拉・英格斯・懷德，即使過了七十個年頭，依然廣受小朋友與大人的喜愛。

「絕對不能害怕。」這句話是查爾斯對小女兒耳提面命的一句話，無庸置疑這也是蘿拉經常為自己打氣加油的話，她一直將這句話謹記在心，終其一輩子都沒有喪失掉勇氣。查爾斯傷心、快樂時拉的那把小提琴，現在存放在改建為博物館的落磯嶺農場裡展示，受蘿拉的故事感動的粉絲們，每年都會來此地探訪，回憶當年那位小女孩的勇氣。

## 《大草原之家》

蘿拉・英格斯・懷德

《大草原之家》系列故事主要以蘿拉的生活為背景，不過作者刻意省略了許多部分不提，也改寫了一部分，其實蘿拉原本在妹妹凱莉與葛瑞絲之間還有個弟弟，但不幸在滿一歲之前便夭折了； 在《大草原小鎮》中，查爾斯曾說過：「只要我還活著，我們家的女兒絕不會在飯店工作。」但事實上在一八七六年，年僅九歲的蘿拉已經在位於愛荷華州伯爾的一處飯店裡靠端盤子、整理床鋪賺錢。在《銀湖畔》中，鬥牛犬傑克在蘿拉的腳邊死去的場景淒美感人，事實上在八年前，查爾斯換馬匹和農場時，就已經把傑克賣掉了，時間點大約是在《梅溪河岸》的時候。蘿拉在世時總共出了八本系列書，後來被人發現第九本描寫蘿拉與亞爾曼新婚生活的原稿，雖然距離初稿很早就已經完成，不過蘿拉並沒有將其完成，因為亞爾曼已經先行一步離世，或許蘿拉獨自一人細細回憶當初她與先生兩人共同歷經的種種情景也是一種折磨吧。最後一集在一九七〇年出版，那已經是蘿拉死後十年的事情了，厚度只有其他系列書籍的一半。

我完全不會使用刀叉，
也提不起勇氣詢問哪道菜沒有肉，
所以我從沒在餐桌前吃過飯，總是時時刻刻待在客房裡。
而我所吃的，盡是一些自己帶來的甜食與水果。

——聖雄甘地，《甘地自傳——實現真理的故事》

# 偉大的靈魂與英式早餐

▾
▴

一八八八年九月四日，還沒成爲聖雄甘地的莫罕達斯·甘地，在十九歲生日的前幾天踏上了英國留學之路。甘地的父親在他十五歲時過世，身為長男的他成了一名律師，一肩扛起家中的經濟。他在船上首度接觸英式早餐，不過他並沒有欣然享用，不是因為他無法接受陌生的食物或出於不屑帝國主義，是因為他嚴格遵守母親送他到外地求學時，叮嚀他絕對要遠離性、酒、肉三件事情的緣故。

魔鬼羊腰（devilled kidneys）是一種用羊腎做成的食物，羊腎裹上麵粉、鹽巴、番椒粉、芥末粉後，稍微以奶油煎過，然後加入辣醬油與湯汁並且蓋上鍋蓋，一直煨到呈半濃稠的狀態，起鍋後擱在奶油麵包上面便大功告成。也有人會加一點印度甜辣醬（Chutney），據聞辣醬油也是起源於印度，莫罕達斯·甘地或許不曉得這些事情。

一八三〇年任印度總督的山茲勛爵回國後，因為對印度的食物念念不忘，所以命令藥師約翰·李以及威廉·派林製作能夠重現印度風味的醬汁，這就是辣醬油的最早由來。

有人指出根本就沒有山茲勛爵這一號總督，對這則故事持懷疑態度的大有人在，不管如何，若沒有印度也就不會有辣醬油的確是不爭的事實。

不管是第一次讀甘地的自傳還是現在，我都不是素食主義者，也沒有偉大靈魂，只是一位平凡的韓國少女，不過我對英式早餐（full monty）產生了莫名的憧憬，很想代替甘地一嚐魔鬼羊腰的滋味，想像一大早牛飲不是加檸檬而是牛奶的紅茶，大口大口吃進一堆油膩膩的食物，不過我後來才知道這是英國菜中最惡名昭彰的，尤其以難吃出名。

full monty與開啟輕鬆、美好的一天的早餐相去甚遠，基本菜色有麵包、香腸、培根、雞蛋和柑橘醬，配菜可能是炸物，可能是煮鯡魚、鱈魚、鮭魚，或是一種類似血腸的黑布丁、肉餡羊肚（haggis）、煙燻魚類、雞蛋，要是興頭一來，連鴿子肉、豬頭等各種冷的熱的肉類菜色都有可能上桌，出現水果的機率是比較少的。

Full monty是十九世紀的亡靈，一直到了二十世紀，英式早餐才大舉簡化，與其說是為了健康考量，是可以把原因歸於第一次世界大戰所引起的物資缺乏，近來燕麥、咖啡、香菸一肩扛起英國人的早點重責大任，或許還是有人對於full monty著迷，但大多數的人對於鰻魚、派、魔鬼羊腰採敬謝不敏的態度，薯餅與焗豆則有竄紅的趨勢。

法式土司也開始嶄露頭角，法國的食物出現在英式早

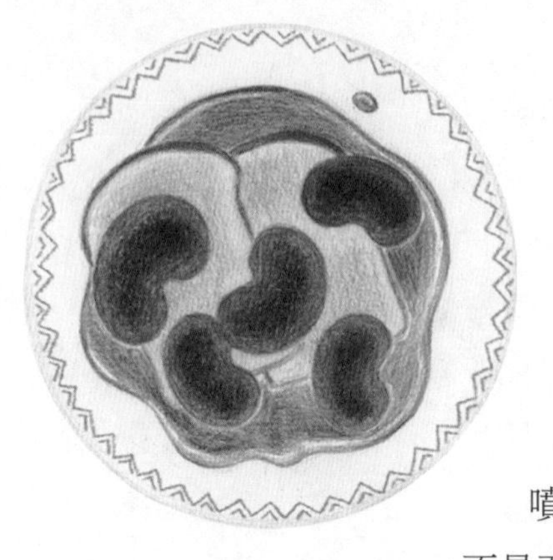

餐裡有點唐突，想起來讓人覺得好笑。更有趣的還在後頭，英國在十九世紀的時候征服了印度，人家常說風水輪流轉，到了二十一世紀卻被印度反將一軍，讓人噴飯的是當時印度持有的利器不是刀也不是槍，而是咖哩。

其實在印度根本沒有咖哩這個玩意兒，「咖哩」在印度語中是指醬料的意思，是英國人照著印度話發音造出來的字，英國人將加了肉、蔬菜、咖哩粉的濃稠狀料理稱之為咖哩，後來其他印度以外的國家也紛紛仿效，更甚者把印度料理一概以咖哩統稱之。

印度人正式踏入英國領土始於十七世紀，當時東印度公司雇用數千名印度籍船員與工人，其中有很多像甘地那樣前去留學的，由於在英國的印度女子少之又少，所以許多印度男人便與英國女人結婚，印度總督府有一部分的官僚與軍人跟英國當地的女子結婚，後來將二代混血子女送回印度，這些混血二代回到印度後，因為本身已經被英國社會同化，便將自己孤立起來，自成一個小型社會，他們並不會堅持正統的印度菜，他們用印度的香料和香草做英國傳統料理，最具代表性的食物有印度燴飯、用咖哩粉熬煮而成的咖哩肉湯，還有慘遭甘地拒絕的魔鬼羊腰。

一些從印度返國的英國貴婦人對印度菜的味道無法忘懷，有不少人回到英國後嘗試要做出印度菜，其中有些人更出了食譜，一七四七年漢娜・葛蕾斯的《料理的藝術》（*The Art of Cookery*）問世，是英國最早的印度菜食譜。最早的印度餐廳Hindustan Coffee House成立於一八一〇年，創辦人是東印度公司的船長沙凱・丁冒哈梅德，不過只開了一年就關門大吉。後來印度餐廳如雨後春筍漸漸增加，這跟印度裔的人口增加並無直接關係，主要是既辣又鹹，帶點甜味、酸味，甚至有些苦味的印度菜征服了英國人的胃。

到了十九世紀，印度菜的熱潮吹到了中產階級，維多利亞女王甚至聘請了印度籍廚師，在一個體面的餐桌上，絕對少不了咖哩的蹤影，威廉・梅克比斯・薩克萊甚至用咖哩做了一首詩，題目叫做〈虛榮的城市〉。事情到了一八五七年有了戲劇性的變化，東印度公司的印度傭兵群起抵抗英國，就在讓

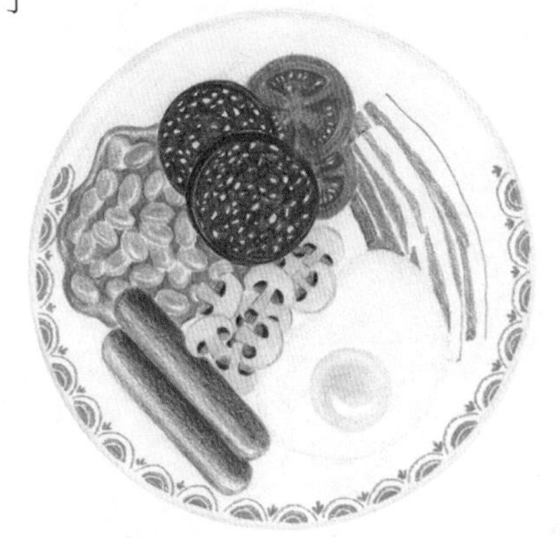

LEA&PERRINS
The Original
WORCESTERSHIRE
SAUCE
WORCESTERSHIRE

人以為咖哩的熱潮也會跟著消退時，因為維多利亞女王在印度即位的關係，咖哩又再度復活了起來。

烹煮印度料理往往需耗費幾個小時的時間。主要以接待貧窮新住民為主的印度餐廳因為忙到應接不暇，必須找出不必讓客人等太久的料理方式，終於，在一九四〇年時，咖哩屋（curry house）找到了答案。

咖哩屋的菜單五花八門，各種口味的咖哩都可以依照客人喜好加入肉類、魚類、蝦子、蔬菜等等，辛辣的程度也分成好幾級，快速上菜的祕訣就在於咖哩的底基而非咖哩的種類。先將洋蔥、蒜頭、生薑炒過，視情況加入丁香、桂皮、豆蔻、甜椒、胡椒粒、茴香、芥末籽，如果想讓咖哩濃稠一點，就加入搗碎的芫荽籽，薑黃除了有助消化，還可以讓咖哩的顏色更漂亮，番茄和青椒也是常用的食材，只要先用一只大鍋子將咖哩的底基煮好，把灑上咖哩粉的已切肉塊、馬鈴薯、豆子、蔬菜冰起來，有客人點餐時，就把配菜和底基一起下鍋炒，加點香料後就可以上桌。

▼
▲

二〇〇一年英國的外務部大臣羅賓・庫克曾經公開表示，印度咖哩雞（Chicken Tikka Masala）是英國的國民料理，印度咖哩雞除了在英國廣受喜愛，就是在全世界各地的餐廳也一樣佳評如潮，這道菜的做法是先將剁成圓形的雞肉塊以優格和各種香料醃到入味，接著把雞肉塊烤熟，最後淋上滿滿用番茄、奶油製成的醬汁即大功告成，對於這道菜的創始人有兩種說法，一是德里沒沒無名的廚師，另一種則認為是英國格拉斯哥的印度籍廚師創造的。

庫克反對移民者使英國的正統性陷入危機的說法，他擁護多元文化的英國，他之所以提倡印度咖哩雞為國民料理，是因為這道菜正是英國吸收與適應外來文化的完美見證，英國人吃肉配醬汁的吃法，和淋上醬汁的雞肉塊相吻合，庫克認為，英國應該對近代的社會感到自豪，因為近代的英國社會儼然是多種族的社會。

不曉得甘地親耳聽到以上的言論會做何感想？這世上會有比吃咖哩更和平的非暴力鬥爭嗎？事實上魔鬼羊腰也是印度與英國的混合菜，這都要歸功於英國人即使在印度定居，也不會放棄喜歡吃肉的習性，印度廚師們習慣以香料來保存用剩的肉，無心插柳柳成蔭，香辣可口的魔鬼羊腰因而誕生，這道菜的起源並不平等，因為魔鬼羊腰是英國的殖民統治之下誕生的食物，有人指出英國人對咖哩的熱愛，其實是出於一種對於統治印度的懷念，所以英國人才這麼愛，這樣的指摘或許是對的，不過咖哩已經成為英國的食物也是清楚明白的事實了。

二〇〇九年十一月，BBC網站上刊登了一則關於咖哩的專題報導，底下出現了許多意見留言，從留言者代號看起來顯然都不是印度裔的，有人留言說一直以為咖哩是自己的老爸發明的食物，也有人說大學初嚐咖哩的美味後，曾經有一陣子瘋狂的吃咖哩，還有一個網友表示，某日發現在路邊買的咖哩，味道跟死去的母親煮的味道一模一樣，害他眼淚不禁潸然而下，由此可見，對英國人來說，咖哩除了現在的生活，對於過去的回憶也佔有一席之地，咖哩的滋味酸甜苦辣都有，人生也是。

## 《甘地自傳——實現真理的故事》

莫罕達斯・甘地

小時候我看許多偉人傳記，甘地自傳是其中的一本，那並不是一本完整的傳記，應該是從甘地寫的《實現真理的故事》中擷取幾個章節編成的。在二〇〇二年漢吉社出版的翻譯版本中，並沒有具體提到甘地當年在前往英國的船上究竟拒絕了何種食物，不過在我小時候看的偉人傳記當中，有指出是奶油烤腎臟，由於沒有一個明確的說法，在我取得原文書之前，實在無法判斷究竟是出版社編輯的粗心大意，還是真有其事，假如是事實，那麼魔鬼羊腰絕對是八九不離十了。

這本書記載了甘地從小到一九二〇年代的生活記事，不過，他實際的生活情況跟給小朋友看的偉人傳記以及自傳的內容有些出入，例如，甘地為了能夠讓書籍再版，把所有的初版書買下來，甘地也有人性的缺點，他也有使用一些政治面的複雜手段，當然這些內容不會出現在自傳當中。

我們何以把較為客觀的傳記丟一旁去看較為主觀的自序自傳是有原因的，縱然客觀的現實的確存在於世界上，但是每個人的解釋看法卻不盡相同，閱讀由別人詮釋出來的世界是非常有趣的，特別是那些眾所皆知的名人，畢竟人總是挑對自己有利的說，而窺視他們自有一套的說法，倒也有些邪惡的樂趣。

飼育員經過在排隊的我們，發出嘈嘈嚷嚷的聲音，

「你想害死我嗎！這算哪門子的飯？

竟然只有一小塊肉和高麗菜！

沒有約克郡布丁嗎？」

——P..L.崔佛斯，《保母包萍》

# 動物園的布丁

▼
▲

《保母包萍》中詭異的是餅乾店老奶奶突然把自己斷掉的手指頭餵給小孩子吃；夢幻的是瑪麗和巴特走進地上用粉筆畫成的畫裡遊玩，還吃了野草莓蛋糕；浪漫的是流星掉落在紅母牛身上，而牠竟然就能跳過月亮，為了擺脫瘋狂跳舞的命運，牠只好把角上的星星弄掉，不過牠因為忘不了那股悸動，所以仍到處徘徊於尋找星星的路上。讓人鼻酸的是在教堂階梯上賣鳥飼料的女人，不管別人說什麼，她一律回答：「一包兩便士。」

瑪麗是一位不尋常的保母，敢在太太面前放肆，總是我行我素，自己決定什麼時候放假。別人家的保母總是像個下人，對少爺、小姐們阿諛奉承，瑪麗卻是成天發脾氣，動不動就對小孩威脅恐嚇，開口閉口只會誇自己，心情不好時就找人發洩，她只關心漂亮的衣服、好吃的食物和自己，如果跟她一塊兒出門散步，只要經過櫥窗看到美麗的衣服，就會開始自我陶醉，完全忽略孩子們的存在。

我戀愛了。就在瑪麗從跨坐在樓梯欄杆滑上去（不是下去）的瞬間，我想班克斯家的孩子們也是這麼想的。撐著傘從天而降的保母從包包裡拿出藥瓶的第一天起，孩子們的心就被她擄獲了，明明生的是一樣的病，珍的藥水喝起來像草莓冰淇淋，麥克喝起來覺得像萊姆果汁，約翰和芭芭拉則是牛奶，瑪麗喝起來卻是朗姆酒的味道，那些藥水又甜、又酸、又香，是讓人大開眼界的魔法瓶。

只要跟這位神奇的保母在一塊，就連買個東西也能是一場冒險，因為瑪麗總是帶領孩子到前所未見的奇怪商店，店裡又小又暗，破舊的架子上陳列了一些乾乾癟癟的餅乾，瑪麗向老闆買了十二個薑餅，還免費多拿了一個。

她買的薑餅跟聖誕節掛的薑餅截然不同，瑪麗買的薑餅是從中世紀流傳下來的，將麵粉、生薑、蘋果、葡萄乾、糖蜜、昂貴的香料加在一起攪拌做成麵糰，然後以火烘烤，若是貴族之間的互贈，就會在薑餅上貼上金箔做成的葉子。後來英國因為佔領了印度，香料的價格開始暴跌，這道貴族點心也就淪為平民美食了，雖然它再也不是奢侈品，不過餅乾的裝飾依然非常考究。在昏暗的陳列架上，薑餅像木枕頭一樣橫躺於上，外面貼著金箔做成的星星，一顆顆閃閃發亮就像真的一樣，味道非常美味，孩子們把餅乾咬成人、花、茶壺的形狀，然後再一口氣吃掉，最後只剩下星星，商店裡的婆婆會在晚上把星星偷偷拿走，再利用梯子把星星掛在天空。

▾
▴

瑪麗的生日和月圓重疊的魔法之夜降臨了，人類被莫名聲音吸引，結果被關在動物園的柵欄裡。動物們在柵欄外觀賞人類，時間一到就會餵人類食物吃，小孩子可以得到牛奶，年紀較大的孩子可以得到海綿蛋糕和甜甜圈，奶奶們則是抹了奶油的薄麵包和全麥司康餅，戴禮帽的紳士們是羊肉與卡士達，就在大家忙著吃東西時，有一位眼熟的先生拉著嗓子吵著要吃約克郡布丁，他是住在隔壁的布姆上將。

布丁並不專屬於小姐，先生也有享用布丁的權力，布姆上將要求的約克郡布丁不是一般人所想的那種味道甜美、柔嫩的雞蛋布丁。布丁這個詞源自於拉丁語的布泰爾斯（botellus），後來轉變為法語的boudin，最後才演變為我們今日說的布丁（pudding），原本是指香腸，最早是指羅馬人在動物的內臟裡塞入肉、血、香料，以滾水煮熟來吃的食物。

十七世紀初，布丁布（pudding cloth）的發明替布丁的歷史開啟了嶄新的一頁，內臟原本只有在宰殺節才能取得，現在可以用布丁布來替代內臟，於是一整年都可以吃到布丁。在十九世紀以前，擁有烤爐的家庭為數不多，趁著煮其他食物順便煮布丁，於是成為英國老百姓日常飲食生活中不可獲缺的一環，甜味布丁出現於十九世紀， 這時

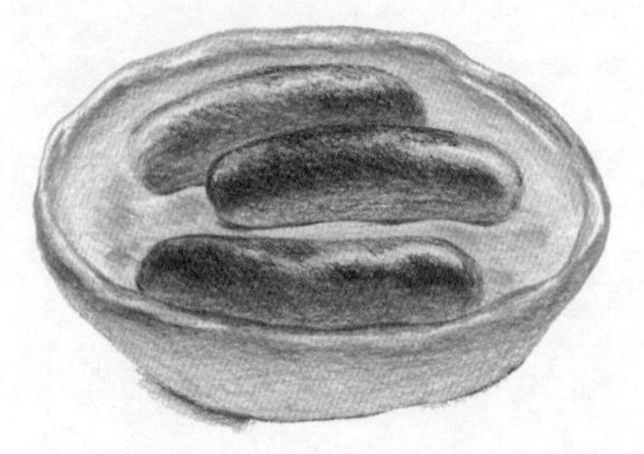

候布丁不再擔任主軸的角色，變成了點心，目前在英國，蛋糕、餡餅等點心通通都以布丁稱之。

約克郡布丁首次在十七世紀登場，這道點心是用動物油做成的。烤牛肉時，將平底鍋墊在下方收油，等油收集夠了，拿來烤雞蛋、牛奶、麵粉拌成的麵糊，最近的人多使用沙拉油或奶油，比較重要的步驟是平底鍋必須事先在烤爐裡預熱，一直到有煙冒出時，才倒入麵糊，等到麵糊烤到表面開始膨脹、顏色轉為金黃色時就可以拿出來，膨脹的程度是決定約克郡布丁成敗的關鍵，二〇〇八年英國皇家化學學會（RSC）規定起碼要膨脹到四吋，若低於這個數字，連稱做是約克郡布丁的資格也沒有。

在約克郡布丁的麵糊裡加入香腸，就是一道超人氣的下酒點心，名為「洞裡的蟾蜍」（Toad in the Hole），對於這個稀奇古怪的名字每個人的見解眾說紛紜，有人認為中間突出來的香腸，看起來像一隻從洞裡面探出頭來的蟾蜍，也有人主張在肉類缺乏的中世紀時代，說不定就是以蟾蜍肉代替香腸，更妙的是，還有人認為這道菜原本的名字應該是「洞裡的大便」（Turd in the Hole），總歸來說，從香腸的外觀看來，的確是比較像大便而不是蟾蜍。

在十八世紀到十九世紀之間，約克郡布丁和豬血做成的黑布丁是英國海軍菜單的固定班底，至今英國人仍吃約克郡布丁，只是沒有以前這麼風靡。美國有一種類似約克郡布丁的點心非常受歡迎，叫做空心酥餅（popover），英式發音為「泡泡芙」，泡泡芙不是主菜是點心，製作時放在瑪芬蛋糕的模型裡烤，吃的時候可搭配鮮奶油與水果。

▾▴

因為晚上的動物園是魔法的世界，所以布姆上將終究沒有要到他要的約克郡布丁，就算是富有的退役將軍，權力也遠不及一個保母。在那裡，只能乖乖地被關著，人家提供什麼就吃什麼。小孩跟大人不一樣，孩子們有一隻腿是跨足在魔法世界裡的，所以珍、麥可和瑪麗一起參加了魔法的遊行行列，比起安全、枯燥乏味的現實，小孩子更喜歡夢幻世界，雖然危險，可是卻趣味無比，而這些夢幻世界也賦予了威嚴給孩子們。

包萍的權威是假的，書本從頭到尾都是謊話，珍和麥可之所以被包萍唬得一愣一愣，不是因為天真使然，因為他們覺得保母是精靈，是動物園之王眼鏡蛇的表姊，她聽得懂風、陽光和烏鴉說的話，跟昴宿星團的星星很熟，比到處可見的下階層女性還要威風。

要是跟夢幻鬧翻，那麼面對現實的日子也就不會太遠了，他們是銀行家的兒女，麥可遲早會進寄宿學校，珍也必須接受淑女教育以便嫁入門當戶對的家庭，當孩子們進入布姆上將世界的瞬間，保母就會變成辛苦的勞動階級女性，到時他們會明白，瑪麗這麼愛照鏡子其實並不是因為自我陶醉，而是在意以微薄薪水換取而來的廉價皮鞋、帽子和雨傘。

構築在謊言之上的世界是無法持久的，所以瑪麗離開了，她必須在孩子們還相信她能夠搭著雨傘離開的時候走，她緊緊握著全身上下僅有的財產羊毛包包，格登格登走向會痛打母親的弟弟以及酒鬼父親的現實生活中。

## 《保母包萍》

P.L.崔佛斯

左手提著包包，右手拿著手柄像鸚鵡的雨傘，東風將瑪麗包萍送來，西風又把她送回去，這些內容即使沒看過這本書也略知一二，不過有一件事實倒是不為人知。

那就是《保母包萍》並不是只有一集，P.L.崔佛斯從一九三四年到一九八八年之間共出版了八集，為初版進行插畫的瑪麗·謝培德是E.H.謝培德的女兒，E.H.謝培德正是畫小熊維尼的插畫家。《保母包萍》曾經被拍成電影、電視劇、音樂劇，最有名的當屬一九六四年由迪士尼出品，茱莉安·德絲主演的電影，令她獲得奧斯卡最佳女主角的電影並不是《真善美》的瑪利亞一角，而是瑪麗·包萍這個角色。

一成不變的生活是灰色的，雖然生活還是可以繼續，但是沒有人希望這樣。對於芝麻小事的好奇是很重要的，因為重要的事情我們必定會去探求，所以我們要堅持在小事上著眼，並且繼續冒險的日子。

# 探險家的餐桌

THE NÜRNBERG STOVE
V.C.ANDREWS
CHARLES DICKENS
MOTHER GOOSE
STEPHEN KING
Daddy-Long-Legs
NOBODY'S BOY

蛋糕膨脹了，
以像黃金泡泡一樣輕盈、柔軟的模樣從烤箱現身，
安妮因為高興而兩頰緋紅，
她在蛋糕上抹上滿滿的紅寶石果凍，
……艾倫夫人不發一語只是吃著蛋糕，
瑪麗拉見狀，趕緊嚐一口蛋糕的滋味，
「安妮・雪莉！」她大叫：「妳到底在蛋糕裡加了什麼啊？」

——露西・莫德・蒙哥馬利，《清秀佳人》

# 綠色屋頂小屋的
# 紅髮殺人魔

▼
▲

馬修因爲不善與人交際連教會也不去，而瑪麗拉跟初戀分手後，從此把自己的心緊閉起來。

這一對兄妹終其一生彼此互相扶持，馬修整日在田裡賣命工作，瑪麗拉勤儉持家，就算食物掉在地上也會撿起來吃，絲毫不浪費的個性，把家裡整理得十分妥當。隨著他們的年紀漸增，腰部疼得直不起來，視線也變得模糊，他們原本想認領一個男孩好幫助田裡的工作，沒想到來的卻是一位小女孩。

對這棟綠色屋頂的房子來說，有無安妮的存在是完全不一樣的世界，因為在瑪麗拉眼裡，那些無聊、平凡的大小事，對安妮來說可就不是這樣了。綠色屋頂房子底下發生的日常瑣碎不曉得多有趣、多美麗，使得安妮整天聒噪個不停，而且她又是這麼的冒冒失失！書或許念的不錯，不過對家事一點也沒有天分，她尤其討厭做菜，因為所有的事情都必須按照規定進行，根本就沒有想像的空間，會不會太扯啦？她做蛋糕麵糊時，竟然忘記加入最重要的麵粉，烤好的派因為沒有立刻從烤箱裡拿出來，白白烤成了木炭，她甚至忘記把布丁醬的蓋子蓋上，因此淹死了一隻老鼠！

然而這樣的安妮卻突然自告奮勇要做蛋糕，太陽簡直要從西邊出來了，原來是瑪麗拉打算招待她一直很敬佩的牧師夫婦吃飯。

無奈蛋糕這傢伙心地太壞專門搞破壞，越是該好吃的時候，它越是讓人難以下嚥，安妮為此還做了被蛋糕怪物追逐的惡夢，直到魚肚泛白才驚醒過來。忙到焦頭爛額的她竟然又染上了感冒，一陣惡戰苦鬥之後終於順利把蛋糕放進烤箱裡，「這次我沒有忘記加任何東西，但是蛋糕烤得起來嗎？」瑪麗拉隨口回道：「反正還有很多東西可吃。」

「反正還有很多東西可吃」這句話具體的意思是：有紅、黃兩色果凍、三種餅乾、塗上新鮮奶油的檸檬派，當然也少不了瑪麗在艾凡利遠近馳名的拿手點心醃梅子。由於餅乾要熱熱的才好吃，所以她們打算在客人進門前一刻才開始烤，麵包是新鮮現烤的，但是因為牧師消化不良，所以也周到準備了舊麵包，此外還有水果蛋糕、磅蛋糕，要是安妮烤的蛋糕成功，則又多了一種夾心蛋糕。

瑪麗拉邀請牧師夫婦前來的時候，就已暗自下定決心不讓規模輸給艾凡利的任何一個主婦，她的好勝心，其實在平靜表面下暗潮洶湧，不知情的安妮，卻讓自己烤的蛋糕將瑪麗拉的野心化成了泡沫幻影。

「我是按照食譜上寫的材料放的。」安妮哽咽地說。

綠色屋頂小屋的
紅髮殺人魔
Oops !

「那妳放了什麼香料？」瑪麗拉窮追不捨。「香草。」

▼
▲

香草是僅次於番紅花的昂貴香料，原產地是墨西哥，在土土那克族（Totonac People）的傳說中曾經提到，一位公主愛上與自己身分懸殊的男子，兩人決定為愛私奔，但是最後的下場是被處死，後來埋葬公主的地方長出了香草。若是安妮聽到這樣的故事，想必會非常感興趣，香草是在一五二〇年傳入歐洲的，科爾蒂斯佔領墨西哥時，把香草和巧克力帶回西班牙，不過香草只有墨西哥這個地方可以栽培，所以只能仰賴進口。

想揭開香草的祕密，就得等一百年以上，一八三六年的時候，在墨西哥的比利時植物學家查理斯・莫倫某次在喝咖啡時，無意中發現一種黑色的昆蟲老是在香草的花朵進進出出，結果幾個小時以後香草開始結花苞，又過了幾天香草豆莢開始形成，黑色的昆蟲正是無刺蜂（melipona）。香草之所以只能在墨西哥這個地方栽培，是因為香草無法進行自然授粉，只能靠無刺蜂授粉，所以答案就是必須仰賴人工授粉。

有了莫倫的發現之後，歐洲開始挑戰進行人工授粉，終於在一八四一年在歐洲的盡頭馬達加斯加島東邊的法屬留尼旺島上栽培成功，發現人工授粉方式的人，是一位十二歲的少年艾德蒙・阿爾比斯，但是這並沒有為他賺進任何一分錢，也沒有幫助他脫離奴隸的處境。一直到七年後法國廢除殖民地的奴隸制度，艾德蒙・阿爾比斯才恢復自由之身。後來他到處幫人打雜，又因為竊盜罪入獄，最後死於貧困。阿爾比斯使用細玻璃棒和大拇指的人工授粉仍沿用至今，二十一世紀馬達加斯加的香草產量佔了全世界的一半以上。

香草除了栽培不易，就連加工也很繁瑣複雜，因為花期只有短短一天，要是在十二個小時內沒有完成授粉就會開始凋謝。每朵花開花的時間不一，所以每天都要確認，就算成功長出了豆莢，也要再等十個月才能享受收穫的喜悅，每一顆香草樹的成熟時間不盡相同，需要每天集中心力觀察豆莢是否有轉黃的跡象。

前面提到的過程光是用想的就讓人覺得很累，重頭戲還在後頭，因為收成之後，還要再經過幾個月的發酵過程，不是普通折磨人的程度。首先必須將香草豆莢浸泡在熱水中，中斷其成長組織所需的糖分與氨基酸的消耗，接著用毛織物把香草豆莢包起來，每天接受一小時的日照後，再存放在密閉的木箱內，每日依此步驟連續進行十天後，將豆莢攤在木架子上晾乾三、四個星期，然後再放進箱子內封起來，進行為期幾個月的發酵，最後還得一個個挑出來分等級，用蠟紙包裝起來。專業的廚師通常是使用整個豆莢，一般家庭會把豆莢磨碎，並加入糖、澱粉做成香草粉，或者加到酒精溶液中軟化是為香草精。

純天然香草的味道是複合性的。以香草醛為首的兩百種揮發性化合物有樹木、花、草、香菸、乾果、丁香、蜂蜜、焦糖、麝香，甚至是煙味、泥土、奶油的味道，但是合成香草的氣味就只能發出香草醛的味道，價格只有純天然香草的百分之一，因此市售的香草食品、飲料、化妝品，大部分都使用合成香草。美國烹飪雜誌 *Cook's Illustrated* 於二〇〇三年的時候曾經做過一項實驗，結果顯示參加者無法分辨出天然香草與合成香草的差異，唯一的例外是用天然香草製成冰淇淋獲得壓倒性的勝利。

▾▴

合成香草在十九世紀末開始商業化，《清秀佳人》出版於一九〇八年，因此無法推測綠色屋頂小屋的廚房用的是天然香草還是合成香草，不過這也不重要，因為安妮的蛋糕裡放的不是香草，是裝在空香草瓶子裡的止痛外用藥，追根究柢起來這小妮子做的相當於肌樂口味的蛋糕，味道肯定讓人永生難忘。還有另外的問題，肌樂的主成分是水楊酸甲酯，一旦在人體體內水解（Hydrolysis）就會產生甲烷，甲烷在肝臟酸化後，會轉為毒性更強的甲醛。

露西・莫德・蒙哥馬利的孫女凱特・麥當勞出的《安妮的料理書》（*The Anne of Green Gables Cookbook*）中提到，夾心蛋糕所需的香草量是兩茶匙，既然用量很少表示應該不至於出人命，不過人的生死是很難預料的，萬一像安妮平常行事作風那樣大喇喇的猛加，結果會如何？說不定紅髮安妮就會變成震驚愛德華王子島上的紅髮殺人魔，這本小說的分類也不會是兒童文學，而是驚悚小說。幸好當時用來治療肌肉酸痛的止痛藥主成分不是水楊酸甲酯，而是提煉自樟樹的樟腦，更何況還加了辣椒萃取物和魚鱗雲杉油（Picea jezoensis OIL），這樣的止痛藥吃進肚裡就算要鬧出人命也不是容易的事，總之，加錯香料，下場只是讓蛋糕變得很難下嚥。

安妮並沒有在歷史上留下殺人魔的頭銜，她平安無事的長大成人，除了長得很高，還能烤出讓林頓夫人無可挑剔的麵餅，還以優異的成績考進皇后學院，瑪麗拉看著安妮穿上蓬蓬袖洋裝朗誦詩的模樣，不禁把頭別過去，因為她想起安妮第一天抵達綠色屋頂小屋的景象，那個淚汪汪、看起來膽小怯懦，而且還穿著一身不像話黃褐色衣服的小女孩。

我也好懷念那個鬼靈精怪的小女孩，而後來她和吉魯伯特結婚，成為六名小孩的母親並且備受村民們稱頌，這麼一個嫻熟的女人反倒是讓我覺得陌生了。

## 《清秀佳人》

露西・莫德・蒙哥馬利

安妮頭上綁著兩根小辮子，眼睛是綠色與灰色混合的顏色，有一張長滿雀斑的臉頰和尖尖的下巴。如果你接受安妮比安更好聽這樣的意見，那麼你肯定會深深陷入這位少女的魅力裡，我們每個人都看過安妮的故事，即使長大成人也仍會忘不了。

安妮系列故事總共有九集，在韓國最廣為人知的是第一集《清秀佳人》，敘述她一路從皇后學院畢業，在艾凡里執教鞭擔任老師的工作，再從雷德蒙德大學畢業，和吉魯伯特結婚生下第一個小孩夭折，後來又陸續生了六個孩子，在第一次世界大戰中再度失去一個孩子。還有兩集有艾凡里村民登場的短篇小說，安妮在短篇小說中變成了路人，讀起來頗令人玩味。

艾美跑來跑去，度過了六次可怕的時間，
她那詛咒的手上那些受到詛咒
圓滾滾又濕漉漉的酸萊姆一直滑落。
其他女學生看到了發出驚嘆聲，
路上那些愛爾蘭小鬼們也發出喊叫聲。

——露意莎．奧爾柯特，《小婦人》

# 追逐酸萊姆的冒險

▼
▲

孤兒少女上大學了。潔露莎・亞伯特享受上課的樂趣，非常努力而且功課又好，問題就出在休息時間，她實在無法聽懂其他孩子們說的話，她寫了一封信給長腿叔叔：「整個學校還沒看過《小婦人》的人只有我一個，所以我悄悄的出去買了書，下次如果又有人提到關於酸萊姆的話題，那我就會知道他們在說什麼了。」雖然我沒有從小生長在孤兒院，但幸好我有讀過《小婦人》，不過關於酸萊姆這檔事，我還真是聞所未聞見所未見哩。

初次看到《小婦人》這本書，還是處於對出版社、讀者、作者這些概念懵懵懂懂的年紀。其實早期的翻譯書籍有許多問題，例如出版社擅自刪減內容，更甚者則有譯者或編輯以為自己是小說的作者，私下揣測主角的意思，自以為是替小說添枝加葉。看來當時我所看的翻譯版本，譯者可能自行下判斷，認為酸萊姆的內容一點也不重要，一點也不有趣所以就拿掉了，因此我才無緣得以見到，等我長大後看了其他的翻譯版本，才知道關於酸萊姆的那一段故事。

▾
▴

學校裡總是有什麼流行的東西，像是「偽愛迪達拖鞋」、丟沙包等等，這些流行小玩意總是來去一陣風，總讓老師、父母感到咋舌，但是對孩子們來說卻是像生命一樣重要。在艾美的學校裡，酸萊姆可不單單只是零食，是一種貨幣與身分的象徵，孩子們有了酸萊姆可以換到鉛筆、珠珠戒指、紙娃娃，可以跟好朋友一起享用，或者故意在討厭的人面前吃好刺激他，帶酸萊姆來學校的孩子們人氣有直線攀升之勢，討著要吃的小孩們則一臉卑微只能一直看人眼色。艾美趾高氣昂帶著酸萊姆上學的那個早晨，隨著後來酸萊姆被丟出窗外，以致於氣勢整個被一掃落地。

用鹽巴醃漬的酸萊姆到底是什麼東西？在搞懂之前有必要先認識一下萊姆的來歷。萊姆呈綠色，看上去就像是未熟的檸檬，其實我真正見到萊姆本尊，已經是看完小說

過後好長的一段時間了。對於萊姆的起源眾說紛紜，可以確定最早的耕作地始於南亞，後來經由阿拉伯傳到歐洲，然後才傳到美洲大陸，最早傳入美國的品種是墨西哥萊姆，體積小，味道甚酸，現在普遍吃的是來自於大溪地/波斯的品種。

我秉持一個成年人的堅持找遍了原文書，得知酸萊姆的英文是Lime Pickle，我一向只知道pickle是指小黃瓜，所以讓我有點意外，是指萊姆也可以做成小黃瓜的意思嗎？到底是什麼？味道又怎麼樣？說出來可別嚇到，我用Lime Pickle在網路上搜尋時，出現一堆印度料理的部落格，由此可知酸萊姆是印度菜，正確的名稱為Lime Chutney。

Chutney是一種印度式的醃漬食物，印度人從芒果到魚類都可以做成chutney，究竟這種食物在印度有多普遍？若印度電影出現父母親反對他的女兒跟窮小子結婚的橋段，女兒肯定會說這樣的台詞：「我只要吃飯配Chutney就可以過活。」相反的主角的爸爸會警告他的女兒：「如果妳跟那個男人結婚，往後三餐就只有吃Chutney的份。」

Lime Chutney的做法如下，萊姆洗淨擦乾水分後切片，在萊姆片上灑上大把的鹽巴，然後裝進乾淨的罐子裡放在陽光充足的地方靜置幾天，等萊姆片泡軟了以後加入孜然、芥末醬、葫蘆巴籽、薑黃、紅椒粉拌勻，然後密封起來，最快三天就可以吃，慢的話需要放到一個月。

據說十二歲的美國女孩每天都會帶這種又酸又辣又鹹

的食物到學校，先藏在抽屜裡，等抓到了機會便拿出來舔著吃？拿的時候汁液應該會一直滴落，而且還是徒手拿著吃？怎麼想都覺得不太對勁，又上網找了一下資料，發現這個世界上也有不少人跟我有同樣的迷思，或許酸萊姆跟何以羅禮到最後會跟艾美結婚，恐怕是讓《小婦人》的廣大讀者群們最為困惑的兩大謎團。

若書中所指不是Chutney會是什麼？尤其是在儲存食物這一塊的爭議最多，各有各的意見，有些人說要將萊姆去皮，有人則說否，有些人說要加糖，有些人則持反對意見，有人說要加醋，也有人堅持要用白蘭地才好吃，後來有找到一位網友堅稱知道《小婦人》裡提到的酸萊姆做法的連結網站，無奈該網友提供的連結已經失效。正當我心灰意冷之時，眼前一亮看到有人分享自己的童年在麻薩諸塞州吃過酸萊姆的回憶，酸萊姆就放在食品店裡賣餅乾與冰淇淋的陳列架旁的大甕子裡，每個售價五分錢。

一般將美國東部麻薩諸塞州、緬因州、佛蒙特州、新罕布夏州、羅德島州、康乃狄克州等六個州統稱為新英格蘭，這裡是歐洲移民最先定居的地方，美國的文化、哲學、教育以波士頓為中心開始向外發展，露意莎・奧爾柯特於一八三二年出生於傳統的新英格蘭家庭，她在一八六九年寫了《小婦人》這部小說，死於一八八八年，至於《小婦人》的背景以及發行的出版社所在地都是在英格蘭，我靠著這得來不易的線索開始抽絲剝繭的尋根究底，後來終於在琳達・杰德理奇寫的《醃漬泡菜之樂》（*The Joy of Pickling*）一書找到解答，十九世紀波士頓所需的萊姆都是仰賴西印度供給的，萊姆裝在桶子裡飄洋過海而來，等運到目的地之後再改以玻璃瓶裝，然後零售給糖果店。

由於新鮮蔬果的進口稅很高，所以進口業者大力遊說將萊姆歸類為醃黃瓜，因此變成孩子們人人可以買來吃的便宜零食，新英格蘭的老師們對於孩子們在課堂上交換酸萊姆，或者是公然放在嘴裡又吸又舔的行為感到十分頭痛，後來學校便明令禁止攜帶酸萊姆到學校，醫生們也不大看好酸萊姆，一八六九年，波士頓一位醫生大揭酸萊姆的五奸十罪，主張酸萊姆會造成孩童營養不良。

即使如此，父母們對於孩子們吃酸萊姆這件事多半持以寬大的態度，這是有原因的，新英格蘭的傳統美食有蛤蜊巧達湯、焗豆、烤火雞、蘋果派、楓糖……能夠吃到新鮮蔬菜的機會並不多，容易引發壞血病，在那個時代由於維他命還尚未被發現，坊間流傳柑橘類能夠使壞血病好轉，或許艾美和朋友之所以如此專注於酸萊姆，說不定是跟她們有輕微的壞血病有極大的關係。

Lime

▾
▴

你是否想嚐嚐艾美做的酸萊姆？做法其實很簡單，首先必須弄到盡可能新鮮而且已經熟透的萊姆，不要挑顆粒太大的品種，像墨西哥萊姆那樣的品種即可，萊姆洗淨後把水分擦乾，水和鹽巴的比例為一杯比一湯匙，調完鹽巴水後將萊姆浸泡在甕子內，放到冰箱冷藏三個星期即可，完成後可以像艾美那樣乾吃，也可以做成沙拉、莎莎醬或雪寶。

當我在調查酸萊姆的時候，無意間發現了何以羅禮會和艾美結婚的蛛絲馬跡，喬其實就是奧爾柯本人的化身，由於她一個人單身了一輩子，所以堅持喬也必須是單身，不過出版社並不這麼認為，美國專門出版古典文學的非營利出版社Library of Amercia的編輯伊萊恩・修渥特曾經於二〇〇五年出版的《小婦人》的說明裡引用奧爾柯的信，她說：「在文字上，喬必須以未婚女性的姿態存在。」不過當時出版社的立場是讀者們都希望喬找到屬於自己的幸福，所以在下一集裡她讓喬結婚了，但是卻安排了一位「非如意郎君」的人當喬的丈夫藉此洩恨。

謎團一一解開之後，因為我是印度菜的超級粉絲，所以那些印度美食的部落格反而引起我極大的興趣，我立刻決定要嘗試做印度菜，但不是做艾美的酸萊姆，而是酸酸甜甜的Lime Chutney，因為我不是小孩子，而且每天都有吃綜合維他命的習慣。

我買來了八顆檸檬代替萊姆，用水洗淨後將檸檬切成四等分，均勻灑上鹽巴後放進玻璃瓶中，然後移到陽台存放，原本我每天都會幫檸檬翻兩次面，後來因為生病而中斷了巡視的工作，而且還發了一場高燒，被病痛纏身的我也就自然而然把檸檬Chutney遠遠拋諸腦後，等我病情好轉突然想起來衝到陽台時，大勢已晚，因為玻璃瓶內長滿了白色的黴菌，我只好一面咬著牙一面把瓶子裡的檸檬拿出來，然後拿刷子用熱水賣力的把瓶子刷洗乾淨。

現在因為全身上下無力而且沒有任何想做菜的欲望，將來的某一天我還是會再度挑戰的。現在我想買一些萊姆做成莫吉托（編按：由五種材料製成的雞尾酒），雖然少了蔗糖漿有點可惜，不過我會用滿滿的薄荷來代替，加入一點點的蘇打水以及豪邁的蘭姆酒即大功告成，我要痛痛快快的喝，可以充分用來慶祝我從尋找酸萊姆的冒險平安無事的歸來。

# 《小婦人》

露意莎·奧爾柯特

每個女孩子小時候應該都有玩過小婦人的紙娃娃吧？大家都想當喬，而指名要當悲劇主角貝絲的人也不少，對於個性嬌蠻的梅格和任性的艾美，因為不是大家注目的焦點所以沒有人氣，其實大可不必這樣的！因為對於每件事情總喜歡以大人自居的老大梅格其實只有十六歲，愛裝模作樣又如何，喜歡表現也不是什麼大錯嘛，而艾美也才十二歲，這個年紀的她如果不頑皮那才有鬼呢。這個系列的故事共有四集，分別是《小婦人》、《好妻子》、《小紳士》、《喬的男孩們》，雖然數次被翻拍成電影與連續劇，但是仍遠遠比不上原著的人氣與名聲，最近一版的電影於一九九四年上映，主角是薇諾娜·瑞德、克絲汀·鄧斯特、克萊兒·丹尼絲、蘇珊·沙蘭登、加布里埃爾·伯恩等卡司，只可惜整部電影劇情過於鋪陳，讓原本滿心期待的我，最後以心靈受到小小創傷收場。

我學會怎麼讓自己喜歡義大利麵，
珍妮知道怎麼用麵糰做成其他食物
的各種料理方法。

——艾瑞克・席格爾，《愛的故事》

# 戀愛時
# 不需要的東西

▾
▴

我一年到頭都會煮義大利麵來吃。每年只要春天一到，我每天都會巴望楤木芽趕快出來。我會用手把楤木芽的刺一個個掰下來，灑上一點鹽巴後放進鍋子裡煎來吃。月曆這種東西對我來說真的只是參考用途，要是沒有吃到楤木芽義大利麵，就沒有春天來臨的感覺。夏天是茄子，秋天是香菇，冬天得吃到牡蠣義大利麵，我都是以這樣的方式送走、迎接季節。我個人很喜歡番茄紅醬，但是在陽光不足，番茄無法在充分的露天陽光底下熟透變紅的季節裡，我也只能將口水往肚子裡吞，雖然有罐裝去皮番茄和番茄醬這種東西，但這些存放已久的番茄怎麼能夠媲美新鮮番茄呢，所以當日照時間變短、開始刮起冷颼颼的風時，我就會想起白醬，也不管三七二十一，一定會加很多奶油和起司。在義大利麵加入滿滿的蝦子、淡菜、裝飾蔬菜固然好吃，由於這個世界上沒有什麼東西比用油和麵粉做成的食物好吃，所以就算只是加入炸過的蒜頭配麵條也很美味。

我愛吃義大利麵，但絕不花錢買來吃，在別人為了要點橄欖油蒜香義大利麵或培根蛋麵而想破頭時，我總是老神在在的說：「我要比薩。」這並不代表我平時常吃，或者什麼我自己煮的比外面賣的更好吃，因為義大利麵雖然是美食，但是似乎有賣貴的嫌疑，所以我很堅定的告訴各位，幾乎沒有我花錢吃這道美食的理由，我會這樣也是因為受到小說影響的緣故。

▼
▲

奧利佛是哈佛大學畢業班的學生，他是冰上曲棍球的明星，而且還是豪門子弟。他正式的名字為奧利佛・巴瑞四世，他可不是一般有錢人家的兒子，哈佛大學裡最大、最醜的講堂是他家蓋的，加上他身材魁梧，身邊總是有許多女孩子想親近他。珍妮是拉德克利夫學院的學生，該校亦是不亞於哈佛大學的名校，只不過珍妮是義大利裔的貧困家庭裡的獨生女，由父親獨自扶養長大，圍繞在她身邊的男人只有區區一個，而且還沒什麼本事。

後來他們倆人雙雙墜入愛河，決定畢業後就結婚，這個決定遭到巴瑞三世極力的反對，其實巴瑞跟他父親的關係一直以來並不是很好，對於父親揚言斷絕父子關係威脅，兒子嗤之以鼻沒有放在心上。後來這對戀人便順利結為連理，但是奧利佛因為失去父親的金援，生活變得極困苦，後來他並沒有去工作，反而進入法學院就讀，光靠妻子那一點微薄的薪水是無法支付龐大學費的，被生活逼迫

PASTA
SICILIAN PASTRY

的丈夫經過兩秒鐘的深思熟慮，下了精確、簡短的結論：「該死。」對此珍妮緩緩回答：「你得學學怎麼喜歡吃義大利麵。」不管在韓國還是美國，麵粉做成的食物是沒錢的人吃的食物，像是麵疙瘩、刀削麵、泡麵，這我完全同意。可是幾年後我在氣氛極好的餐廳裡看到的義大利麵，不是一張千元鈔票就能買到的，難道是我誤解了，原來義大利麵是屬於高檔菜，可是話說回來，珍妮對奧利佛說的話又是意味著什麼呢？是反諷嗎？還是揉一團麵糰放在身邊，自我催眠這一坨東西就是義大利麵？

錯的是餐廳裡的標價，因為義大利麵確實是家常主食，義大利麵的主角通常是肉類跟海鮮，要是真的沒有食材就用蔬菜代替，在極美麗的餐廳裡出現的義大利麵也是一樣，這麼說來是翻譯的問題囉？後來我去找原文書，發現原來這裡所指的「麵粉麵糰」就是指義式麵食（pasta），pasta這個字眼在義大利文中的確有「麵糰」的意思，但也不全然都是。

▼
▲

正確來說pasta是泛指以水、麵粉、雞蛋和成的義大利麵類，義大利人可以用麵糰創造出數百種的麵類，怪不得有一本書叫做《義大利麵幾何學》，像是有細長的麵條、圓扁的筆管麵、短短水管模樣的通心粉、捲捲的螺旋麵、長得像蝴蝶的蝴蝶麵、長得像貝殼的貝殼麵，說了你或許不信，甚至還有泰迪熊麵。韓國曾經將上述提到的麵類一概以Spaghetti通稱之，這並不是什麼足以掛齒的事情，因為在義大利也曾經用macoroni統稱，pasta這個名詞是距今約兩百年以前才有的，從那時候開始，macaroni才專指我們熟悉的那個通心粉。

在容易取得雞蛋的義大利北部，經常會用雞蛋製作生義大利麵，在南部，冬天因為雞不下蛋，所以只會用水加麵粉和成麵糰做成麵食來吃，沒有加入雞蛋的麵糰若想拉成麵條，必須使用穀膠含量高的硬質小麥粉或是粗粒小麥粉，若使用軟質小麥粉做成的義大利麵條會過爛，無法滿足義大利麵條所要求的嚼勁（al dente），煮的時候麵心甚至會殘留在水裡，不是很好煮。

一八八〇年到一九一四年間，有五百萬名義大利人遠渡重洋來到美國，其中的八十%來自貧困的南義與西西里島，這些義大利移民者多半從事勞動工作，所以在早期的時候是屬於美國社會的下層階級，他們並沒有積極讓自己和美國同化，而是自成一格，以維持對家鄉的記憶，據說第一代移民很多連英語都說不好。

不過文化並不是需要咬緊牙關死守的旗子，而是必須每天澆水、曬太陽的花朵， 所以每天都有新的文化誕生、成長、死亡，那些義大利共同體的義式乾麵食、番茄紅醬、橄欖油和美國豐富的食材互相融合，發展成為全新的料理。

二〇〇〇年美國餐廳曾經聯合對外宣布，義大利、墨西哥、中國菜已經不能再算是外國美食，就好比韓國境內的中國菜不是正統的中國菜一樣，美國境內的義大利菜也不太義大利了，肉丸子義大利麵在十九世紀時尚能在南義看到其蹤跡，可是到了二十一世紀就遍尋不著了，但是反過來在美國，若提起家鄉老母的手藝，肉丸子義大利麵依然是眾多美國人心目中念念不忘的好滋味，比薩也是一樣，比薩也從原本厚實的面皮與豐富的配料轉變為其他面貌，跟漢堡一起成為象徵美國的食物。

▾
▴

珍妮的父親比爾在羅德島州克蘭斯頓的糕餅店工作，在羅德島，義大利裔的人口比例在美國算是最高的。這部小說的時空背景是在一九六三年，當時克蘭斯頓的人口有六萬六千七百六十六人，其中義大利裔的人口就佔了三十%以上，在住民超過五萬人以上的美國城市中算是比例最高的，美式的義大利餐廳可想而知相當多，其中也有不少其他地區難以見到的料理，比薩餅條更是該地區的代表性美食，是一種沒有加起司、配料只有抹上番茄醬的厚餅皮烤比薩，羅德島所有義大利烘焙坊、超市和便利商店都有賣，當然糕餅店裡也一定有賣，當他未來的女婿前來請求他把女兒嫁給他時，比爾並沒有立刻拿出比薩餅條，而是先拿出其他的點心來招待客人。

西西里島是一個奢侈和貧困共存的地方，是許多美籍義大利人的故鄉。這個南方島嶼雖然在義大利是最窮的地方，但是從以前開始，就已經是許多美食家們的祖國了。這裡的點心尤其出名，究竟自負的比爾會拿什麼點心來招待第一次見面的女婿呢？書裡僅以pastry輕輕帶過，為了一探真相，我查找了二十幾家位於克蘭斯頓義大利人開的糕餅店相關資料，發現店家雖然打著義式糕餅店的招牌，但店裡賣的幾乎都是美國的點心，不過至少都有賣比薩餅條和乳清乳酪卷。

乳清乳酪卷是西西里島的傳統糕點，以麵粉、奶油、糖攪拌成麵糰，將麵皮擀成橢圓形的形狀後，捲起來放進鍋裡油炸，起鍋後注入奶油，並趁融化之前吃掉，傳統的內餡是浸在里考塔起司和加糖的水果，在美國會使用巧克力或奶黃當內餡，乳清乳酪卷也深受非義大利裔的人歡迎，這道美食也曾經在電影《教父》與電視連續劇《黑道家族》登場亮相過。

不曉得比爾有沒有端出提拉米蘇？近來不管在美國還是韓國，只要提起義大利點心就會讓人想到提拉米蘇，但是提拉米蘇是二次世界大戰後才開發出來的新式蛋糕，這麼新式的糕點想必在比爾的店出現的機率是微乎其微了。不過應該會有Biscotti（義大利脆餅）才是，Biscotti的意思是指烤兩次，將麵粉、糖、雞蛋、杏仁攪拌成麵糰後，先烤過一次，半途取出切成薄片，然後拉成長長的一條，緊接著再烤一次，義大利人多半喝葡萄酒時會配這道點心，北美人則多數以咖啡相伴。義式千層酥餅為層層相疊的糕點，因為外觀的關係也被稱做是龍蝦尾，前面提到，在義大利多半以里考塔起司當內餡，在美國尤其是紐約，最受歡迎的吃法是加法式奶油。廣為人知的糕餅還有一道墨西哥捲餅，先將糯米糰烤過或油炸過，裡面再塞入奶黃、果凍、里考塔奶油、巧克力，最後再灑上糖粉，也有塞入歐洲鯷魚的鹹口味吃法，羅德島地區的墨西哥捲餅外觀比較與眾不同，長得像甜甜圈，甜甜圈中央會塞入香草布丁、里考塔奶油，最後再擱上櫻桃。

奧利佛在比爾的糕餅店裡，每種糕餅都嚐了兩個以上，成為一口氣吃義式糕點最多的人。年輕人因為墜入愛河而成了窮光蛋，眼前他能夠討好丈人的方法也只有努力吃糕點，只是不久後他便瞭解先前吃的只是點心，因為後頭還有比薩餅條、西西里島式炸花枝，羅德島才有的爽口蛤蜊巧達湯，加起司不加肉的菠菜派、文蛤蛋糕（Clamcake），全都是油膩膩的食物。

雖然肚子快要撐破了，但眼下只能不斷地把食物塞進去，珍妮說了：「愛是不需要說抱歉的。」雖然我無法贊成這樣的說法，不過愛不必多做解釋那倒是事實，當然義式麵食也是一樣。

## 《愛的故事》

艾瑞克·席格爾

《愛的故事》原是一部電影劇本，後來才改編成小說。許多人誤認為小說的誕生是為了搭上電影的人氣而匆忙寫出來的，其實不然，據說是因為艾瑞克·席格爾無法販賣電影的腳本，所以他接受了代理商的勸告將電影寫成小說，也有人說是因應買下版權的派拉蒙公司的要求才又將電影小說化，不管真相為何，一九七〇年二月十四日的情人節當天出版的《愛的故事》，登上了《紐約時報》銷售排行榜第一名，年底上映的電影也照樣創造了票房佳績。

席格爾的著作比其他作家來得有看頭，因為他在出版《愛的故事》的五年前，就已經是得到哈佛比較文學博士學位的著名學者，在校主修希臘、羅馬古典文學。身為一個難免會有偏見的普通人，對於《愛的故事》、《*Doctors*》、《*Oxford Reading in Greek Tragedy*》、《*The Dead of Comedy*》這三部電影受歡迎的名次老是在改變，我只能感到很奇怪。除了《愛的故事》以外，他還寫了好幾部劇本，其中包含披頭四在一九六八年主演的電影《黃色潛水艇》。

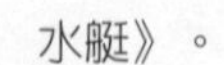

校長先生……

指著咖啡色的魚鬆問荳荳：

「這是從海底來的呢？

還是從山和田野來的呢？」

——黑柳徹子，《窗邊的小荳荳》

# 就算是文盲
# 也無妨

▼
▲

荳荳翻開桌蓋，拿出筆記本後把桌蓋蓋起來，又打開來拿出鉛筆盒、蓋上桌蓋，打開來拿鉛筆、又蓋上桌蓋，接著又打開來拿教科書，隨即又蓋上桌蓋，荳荳上課的時候一直反覆上述的動作，不用說也很清楚，這是所謂的注意力缺陷過動症（ADHD）。後來荳荳被趕出學校，雖然轉到另一間學校，但是不久後又被踢了出來，這個小朋友不知道到底發生了什麼事，只覺得有趣，反而是她的母親著急得像熱鍋上的螞蟻，最後總算有一間學校肯接納荳荳了，在那裡，荳荳首次聽到有人稱讚自己很乖。

巴氏學園以廢棄的電車當教室，全校五十名學生可以選擇坐在想要的座位上喜歡的科目，要是不想上課，也可以出去散步整個下午，運動會的獎品不是鉛筆跟筆記本，而是菠菜和蘿蔔。假日時可以在學校的講堂內搭帳棚露營。午餐時間校長先生和校長夫人會檢查便當，「請帶海的東西和山的東西過來。」其實不是什麼豪華餐點，山的東西就是牛蒡、炒雞蛋，海的東西只要有醬燒魷魚絲就可以了，若是有人的便當盒不符合規定，校長先生就喊：「山！」那麼校長夫人就會從鍋子裡拿出煮馬鈴薯，要是說：「海！」就會拿出烤魚肉卷。

上學第一天，媽媽為荳荳的便當準備了黃色的雞蛋燒、豌豆、咖啡色的魚鬆，還有炒過的粉紅色明太子。雞蛋和豌豆是山的東西，明太子是海的東西，那麼魚鬆呢？一想到顏色是泥土的顏色，荳荳便信心十足的回答：「山！」不過正確解答是海。

魚鬆是把搗碎的魚肉炒過的食物，所以是海的東西，我和荳荳連忙點頭認同。魚鬆的味道是如何呢？可惜的是直到我看到書本的最後一頁，還是沒有出現關於魚鬆的描述，我長到那麼大竟然不曉得魚鬆吃起來是什麼味道。

想解開心頭這個謎團，就必須等到網路被發明出來。用「魚鬆」進行搜尋出現了兩種結果，一是天婦羅，也就是日式炸物，另一項則是湯瑪斯・曼的小說《布登勃洛克家族》，後來我再用「魚鬆+魚」進行搜尋，總算是查到了相關資訊，「魚煮熟後去掉骨頭和魚皮，把魚肉撕成絲，然後以醬油、糖、味醂進行調味。」魚肉的整體味道就是帶甜味的醬油味道，雖然荳荳家的魚鬆顏色是咖啡色的，但是也有染成粉紅色的櫻花魚鬆，原來如此！原來壽司上面的粉紅色屑屑就是肉鬆，雖然我老早就吃過了，但是我從沒對它的真實身分起疑過，如果好吃便罷，問題是在我吃來並不是那麼美味，既然書裡有提到，我決定好好調查一下荳荳帶的便當，只是我遇到了瓶頸，而且還是個不小的瓶頸，那就是我看不懂也不會日文，雖然我以前學過日語，總是落得半途而廢的下場，誰教我平假名片假名怎麼也背不起來，既然如此，山人總還是會有妙計，就算是文盲也會有辦法的。終於，在經過了一番深思熟慮之後，我訂立了一些計畫，並且逐項逐項地實行。

(1) 購買《窗邊的小荳荳》韓文版。
(2) 看完韓文版後，把會用到的部分抄下來。
(3) 購買《窗邊的小荳荳》日文版《窓ぎわのトットちゃん》。
(4) 找來平假名與片假名的表。
(5) 將韓文與日文並排，一邊看一邊對照到眼睛脫窗，找出書裡食物的日文名稱，然後抄下來。
(6) 利用谷歌搜尋這些日本食物的名稱，如果有看到就立刻按下翻譯的按鍵。
(7) 以日文食物名稱搜尋維基百科，如果看到想要的資料立刻按下翻譯的按鍵。
(8) 將那些食物的名稱改成英文羅馬拼音的方式，然後在英文版的維基百科搜尋。
(9) 以解開羅塞塔石碑謎團的決心，參考數本日文食譜。
(10) 向懂日文的朋友求救。
(11) 利用谷歌搜尋求解答。

toto's bento

以如此的苦心與功夫進行地毯式搜索的結果，雖然搞得腰酸背痛但是絕無後悔二字存在，雞蛋燒（たまごやき）是日本便當小菜的代名詞，按照字面上的解釋就是指煎（やき）雞蛋（たまご）的意思，跟我們一般所說的煎蛋是不同的東西，做日式雞蛋燒時，第一道功夫就是先煮日式高湯，將海帶丟進冷水後用文火煮，水滾後撈出海帶把火關掉，接下來放入很多柴魚片然後把鍋蓋蓋上，二十分鐘後把柴魚撈出來。柴魚片其實是鰹魚的肉加工製成的，鰹魚去頭去內臟煮熟後冷卻，接著加以煙燻的方式使其熟成，完全乾燥的鰹魚肉看起來就跟木塊沒兩樣，拿起來敲打還可以聽到鏗鏗聲，在舊時每戶家中都會備有一支刨子，需要時就將鰹魚塊刨成絲，近來商家已經幫忙刨好絲，以真空包裝販賣。

把蛋打入碗內後，陸續加入芝麻、日式高湯、味醂，依照個人喜好加入適當的糖和鹽巴，接著以筷子代替打蛋器攪拌蛋液，注意不要攪拌到起泡，取出四方形的專用平底鍋放在火爐上，倒入少許的油，將打好的蛋液倒一些在鍋內煎，稍微熟了就用筷子把蛋皮捲起來，然後又倒入蛋液，一直反覆上述的動作直到做出自己想要的厚度即可。

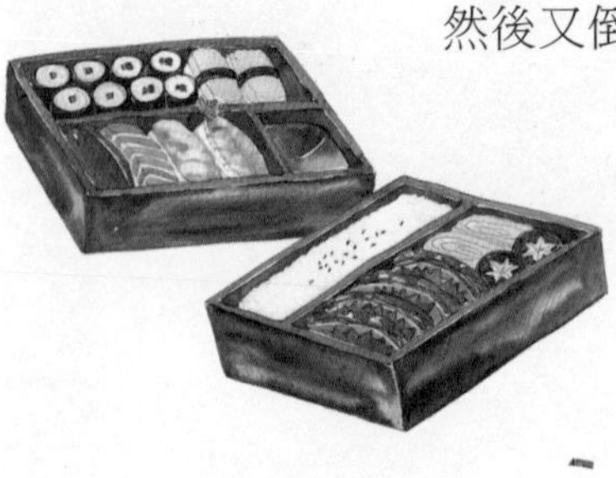

不過，讓我這個文盲吃盡苦頭的是荳荳媽準備的便當菜色——雞蛋鬆，打一顆蛋

後加入味醂、糖和鹽巴，將蛋液倒在平底鍋內，立刻以筷子速速攪拌，做成類似炒蛋的樣子，這正是雞蛋鬆，除了雞蛋以外，把魚、肉類絞碎放到鍋子裡炒到鬆散狀的都可以通稱之，荳荳的媽媽用雞蛋、魚鬆、豌豆、明太子做成了肉鬆擱在白飯上，這就是肉鬆丼，肉鬆丼是非常受歡迎的便當菜色，受歡迎的原因除了味道還有外觀，荳荳有粉紅色、紅色、綠色、褐色，像是花田的便當在電車教室裡引起了一陣歡呼聲，荳荳的媽媽對於校長先生提倡的「山與海」的樸素教育哲學非常折服，她會準備這樣的便當是另有原因的。

▾
▴

日本的便當文化在全世界是最發達的，べんとう，正是從便利這個字演變出來的，最早可追溯到鐮倉時代（一一八五～一三三三）包著乾飯吃的風俗，到了江戶時代（一六〇三～一八六七）觀眾們在傳統歌舞伎的空檔時所吃的幕之內便當開始廣為流行，幕之內便當菜色基本上有白飯、魚、肉類、蔬菜、點心、醃漬食物，而這些菜色也是現代的便當基本菜色。到了明治時代，日本又多了一項特產火車便當（えきべん），飛機怎可讓火車專美於前，所以飛機餐（空弁）也一起問世，顧名思義，就是指在天空上吃的便當之意。

不過，到了二十世紀卻產生了便當流放運動，因為便當使學生的家庭狀況赤裸裸的展現於人前，有人主張學生會因而互相比較，後來又因為經歷第一次世界大戰與日本東北地方的旱災，於是便當流放運動的氣勢又旺了，第二次世界大戰結束後，學校因為開始供餐，便當也就跟著消失了。

到了一九八〇年代，由於微波爐和便利商店普及化的影響，便當又再度重現江湖，雖然學生們是吃學校提供的伙食，但是對於許多口袋淺的上班族來說，是便宜又簡單的一餐，不過促使便當退出社會的根本原因還是沒有消失，人們依舊以外表來互相判斷，無法容忍跟自己稍有不同的地方，在沒有供餐的幼稚園、煙火大會等外出情況下，若有人帶了華麗的便當，無形之中便會引起一番競爭。事實上日本也經常舉行便當大會，例如有表現漫畫、動畫人物的角色便當（キャラ弁），將菜色做成人物或動物的造型，甚至有畫成花的等等，追求外觀遠勝於味道的便當一一登場亮相。

《窗邊的小荳荳》的時代背景在第二次世界大戰爆發以前，荳荳算是帶便當到學校的最後一代學子，當時衰弱的日本社會因為戰爭的壓迫，社會現象呈現最呆滯的時期，對於屢被多間學校拒絕入學的媽媽，巴氏學園已經是她最後的希望了，她看著女兒上學漸行漸遠的背影，在心裡默默祈禱這個學校可以接納自己的孩子，於是，像花田一樣繽紛的便當，是身為母親所能做的一切努力了。

即使是二十一世紀也有許多孩子是與眾不同的，這些孩子很幸運的可以進入特殊學校就讀，當然也可以選擇普通學校，不管在哪裡就讀，只要是遇上郊遊、運動會的日子，也一定有另一個荳荳的母親費盡心思準備孩子的便當，這些媽媽們只是為了不讓自己與眾不同的女兒因為便當的關係再度被別人審視一番。

## 《窗邊的小荳荳》

黑柳徹子

作者黑柳徹子是西方最著名的日本人，她有多重身分，像是聯合國兒童基金會親善大使、作家、演員，更是日本脫口秀節目《徹子的房間》的主持人，她小時候曾經是被許多學校拒絕入學的問題兒童。這本書在日本賣出超過五百萬本，包括韓文在內總共發行了三十幾種語言，黑柳徹子還成立了專門幫助殘障人士的社會福利法人團體「荳荳基金」，雖然替書本進行插畫的松本知弘在書本出版的七年前就已經死亡，不過在他生前就已經親自挑好了圖畫，許多人覺得插圖也是書的一部分，並非只是單純的插畫。即使是不認識荳荳的人，也可以一眼認出她筆下美麗的水彩畫。

艾瑪說：「不要太勉強了。」
隨即遞上一杯喝到只剩下一半的果汁給漢斯，
雖然果汁被人捷足先登喝了一口，
他仍然覺得香甜、濃醇。
……他不知道為什麼會心跳加速，
又為什麼呼吸會變得急促。

——赫曼．赫塞，《車輪下》

# 這不是西打

▼
▲

約瑟夫·吉本拉特是到處都有的人物。他崇拜黃金，對神和官僚體制有某種程度的尊敬，非常勤奮工作，偶爾會喝喝酒，但不至於喝到不省人事，他會辱罵窮人是窮光蛋，也會不客氣的稱呼有錢人為暴發戶，總而言之他是個很普通的人，不過他這樣的人竟然能有漢斯這樣的兒子，這一切只能歸咎於難以捉摸的上帝。男孩有認真的眼神、聰明的額頭、端莊的腳步，不管到哪裡都是與眾不同，村裡學校沒有半個學生能追得上他。漢斯在州立考試得到了第二名的佳績，在全村的祝福下，他離開故鄉到毛爾布龍神學院念書。

原本他的前程一片光明，只要沿著往前鋪的路直直向前走就行了，但是他卻在意料之外的地方重重摔了一跤，漢斯開始跟不上課業進度，遭到老師們的輕視，甚至還被自己唯一的朋友拋棄，最後只好返回故鄉。

他不知道究竟是哪個環節出了差錯，可是前方等著他的不是燦爛的前途，而是比他父親更糟糕的生活，他沒有辦法再變回小孩子，但也無法進入大人的世界，在徬徨茫然之餘，天氣已經轉為秋天了，秋天是蘋果採收的季節。

在榨果汁這天，男孩遇見了女孩，然後雙雙墜入愛河。

當漢斯喝著艾瑪遞過來的果汁，他的心臟簡直快停止了，全身沒有力氣而且感到頭昏腦脹，是因為愛嗎？他什麼也不知道，只知道喜悅裡充滿了害怕，這會讓他什麼事也做不了嗎？我覺得種種症狀簡直跟喝醉酒一個樣，所以沒有先替偉大的愛情感到驚訝，反而是趕緊找了原文書來看，正如所料，漢斯喝的不是蘋果汁，而是西打（cider），西打？跟香蕉、水煮蛋合稱郊遊三寶的另外一位主角？

▾
▴

二氧化碳並非水溶性，但是若施以極大的壓力就會溶在水裡，這可以增加西打的甜味與香氣，將這種飲料稱為「西打汽水」的國家只有韓國與日本，其他國家普遍稱之為蘇打、軟性飲料或者是碳酸飲料。如此奇特的名字源自於江戶時代某個英國商社在橫濱販賣一種名為「香檳西打汽水」的蘋果口味碳酸飲料，於是西打這個名字便由此開始沿用，而韓國則是因為受到日本的影響也比照此一名稱。

而西打在其他國家是指蘋果汁，做法是先把蘋果磨成果渣（pomace），早期是由人推磨或由馬拉磨，近來則使用電力、水力推動的研磨機，將果渣放進袋子內，再放在長板子和麥稈中間一層一層堆疊起來，這便是西打而非西打酒，若沒有經過殺菌的過程就把果汁保存起來很容易會引起發酵，一旦發酵就會變成醋或酒，前者雖為蘋果醋，可是後者依然是西打，近來若提到西打，許多人都會以為是酒精飲料，事實上可分成無酒精的蘋果西打，含酒精的則是蘋果酒。

蘋果酒跟其他的發酵酒類不同的是，必須在四～十六度的環境底下進行發酵才不會失去原有的風味，在果汁的糖分全數消耗掉之前，必須趕快換新的桶子密封起來，用剩下的糖分發酵以產生微量的碳酸氣，原則上只要放三個月就能喝，但通常會放個二～三年，在美國，蘋果酒獲得大眾喜愛，特別受農夫的青睞，在一八二〇年代甚至被當成貨幣使用。

若將蘋果酒結凍起來，把最上層的冰塊去掉後，就會只剩下發酵更徹底的濃縮液，這種濃縮液就是蘋果白蘭地（Applejack），但是會留下像乙醇、甲醇、雜醇（Fusel）這類有害的雜質，所以最近並不使用冷凍法而改用蒸餾法，蘋果酒的酒精濃度為二～十度，蘋果白蘭地則高達三十～四十度，也因為這樣，它有許多可怕的別稱，例如新澤西閃電（Jersey Lightning）、西打油

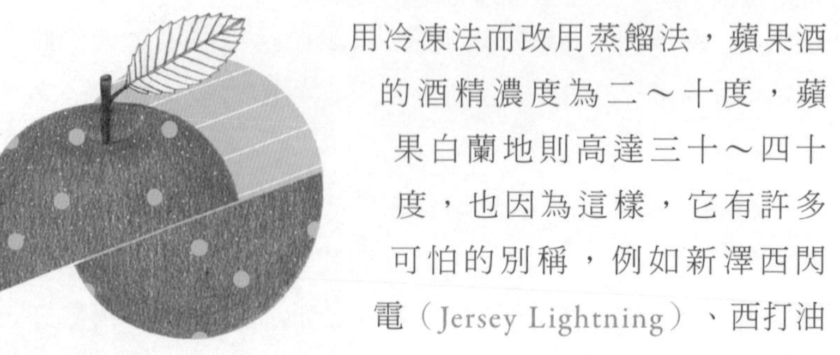

（cider oil）、痙攣精油（essence of lockjaw），據聞喬治・華盛頓與亞伯拉罕・林肯也是蘋果白蘭地的愛好者。

到底蘋果西打和蘋果汁有何不同？前者沒有過濾所以看上去很混濁，後者則是呈透明狀，前者有經過殺菌而後者沒有。自從發生出血性大腸菌0157的事件後，美國下令所有的蘋果西打都必須進行低溫殺菌並嚴守製造處理程序生產，唯有產地直接交易除外。此外，最近也有推出經過過濾、完全透明的西打，而有一些蘋果品種就算沒有經過過濾也能夠呈現透明的樣子，所以兩者的差異已經逐漸混沌不明了，現在給人印象最深的，就是擺在鄉間路邊剛榨好的蘋果汁的家鄉回憶罷了。

西打的風味非常多樣，從澀味到甜味都有，就連顏色也是五彩繽紛，有淡黃色、橙色，也有褐色。通常是冰冰涼涼的喝，有人會加一點香料、砂糖、蛋黃煮了喝，其他水果也可以做成西打，比較受歡迎的有用梨子做成的梨酒（perry），魁北克地方的人會把葡萄冰凍起來做成冰酒，也會用結冰的蘋果做成冰西打。

全世界到處有蘋果，當然西打也是，諸如歐洲、北美、澳洲，甚至是南非共和國、印度、巴基斯坦也不例外，法國的碳酸蘋果酒在二十世紀中葉啤酒崛起以前，普遍的程度僅次於葡萄酒，碳酸蘋果酒若進行兩次蒸餾，就

Rapp's
KELTEREI HESSEN
Frankfurter
POSSMANN
Apfelwein

能造出酒精濃度達四十度的蘋果白蘭地。比較特別的是西班牙地區的西打是沒有氣泡的，只有在專賣店裡，店家一手拿著瓶子另一手抓著杯子從高處往下倒酒時，空氣進入液體內，這時才會產生氣泡。中國的蘋果醋其實並不是醋而是一種飲料，事實上也可以看做是西打。

後來我看了德文版小說，發現艾瑪遞給漢斯的其實是蘋果酒，味道酸酸澀澀，因為色澤混濁的緣故，通常裝在刻有菱形紋路，能使光線折射的玻璃杯上。賣傳統蘋果酒的餐廳裡，通常以三百CC的玻璃杯裝盛，二百五十CC的玻璃杯的別名之所以為惡盜杯（Beschisserglas），是因為販賣的價格與三百CC的價格是一樣的關係。

蘋果酒也經常被調成雞尾酒，通常會加水、檸檬蘇打，也有人會加可樂，這種調酒在法蘭克福稱為高麗（Korea）。巧合的是蘋果酒的主要生產地是在黑森（Hesse）這個地區，這會是赫塞在寫《車輪下》這部小說時已經知道的事實嗎？

德國蘋果酒的酒精濃度在五・五～七度，結束一天揮汗的工作後，暢飲這麼一杯的話是會醉的，不過漢斯喝的是還沒經過發酵的蘋果酒，所以只能算是一杯剛榨好的果汁，跟我先前推測的結果不一樣，讓少年的臉變得通紅、呼吸變得急促的，正是愛。

蘋果酒的愛好者口徑一致表示，絕不能只用一杯來判斷酒的好壞，即使越喝越起勁，至少也要喝上個七杯才能斷定其真假，不過漢斯哪有這個閒工夫。艾瑪的年紀比他大，戀愛經驗也很多，這個害羞、俊秀的少年，只不過是可以肆無忌憚一起打情罵俏的好對象，不過後來艾瑪沒有留下隻字片語就離開了，漢斯也開始了鉗工見習生活。

在辛苦工作的第一個週末，漢斯和同事一起喝啤酒還有濃烈的杜松子酒，他整個人喝到東倒西歪，最後甩開朋友獨自走掉，一個人哭倒在稻草堆裡，等到第二天被人發現時他已經是一副冷冰冰的屍體了，臉上卻是蕩漾著許久未曾出現的微笑。

## 《車輪下》

赫曼・赫塞

《車輪下》是一本自傳式小說，不過影射作者個性的角色不是模範生漢斯，而是放蕩浪漫的海爾納。赫塞在十四歲的時候曾經在毛爾布龍神學院念過書，但是隨即中輟，後來也曾輾轉到其他教育機構求學但都不持久。他本人曾經自殺未遂，跟父母親的關係處得不好，十五歲時通過斯圖加特文科中學一年級的考試，那是他最後一次受教育，後來他便到書店工作、當工人。十九歲因為發表一首名為「瑪丹娜」的詩而踏入了文壇，後來雖然陸陸續續有寫詩和短篇小說，但是大衆反應並不佳。一九○四年，他二十七歲那年，出版了第一本小說《徬徨少年時》，才正式被承認為作家，《車輪下》是繼第一本小說兩年之後出版的。

書中主人翁漢斯的天賦雖然不足以使他成為獨特的人，但絕對有當一個普通人的能力，不管是海納爾或赫塞都是跟漢斯不同典型的人，唯有漢斯這樣的人才會自殺成功，赫塞反而死裡逃生，最後成為一位作家。

我們究竟是為了吃才活著，還是為了活著才吃呢？有些人即使吃飽了還是想要吃美食，也有些人都快要餓死了，還是堅持吃好吃的東西，又有一些人只求溫飽，對於下肚的是什麼東西完全不介意，那你呢？你比較接近何種類型的人呢？人會被他吃進去的東西所定義。

# 老饕的餐桌

THE NÜRNBERG STOVE
V.C. ANDREWS
CHARLES DICKENS
MOTHER GOOSE
STEPHEN KING
Daddy-Long-Legs
NOBODY'S BOY

大盜的拳頭重重落在桌上，
「只有一條香腸？有沒有腦袋啊？
把香腸全給我拿過來 —— 還有酸菜也是，
我是說整鍋都拿過來，聽懂沒？」

——奧飛．普思樂，《大盜賊》

# 美食處處的
# 安穩生活

▼
▲

「五月時所有東西都是嶄新的」，奶奶轉動咖啡磨的手把，機器開始唱歌並且咿呀咿呀磨起咖啡，突然間她嚇了一大跳，因為她看到腰間配了七把短刀的霍琛布魯茨突然衝進來對她舉起胡椒粉槍。這位惡名昭彰的大盜的駕臨單純只是為了一個咖啡磨，實在是很可愛，因為大盜也想一面聽歌一面磨咖啡豆，不過對於氣昏的老太太和遲了一步到家的孫子卡斯佩爾和佐培爾可就不是可愛的事情了。自從失去咖啡磨後，傷心的老太太宣布從此不再烤蛋糕，那表示往後的星期天再也沒有李子脯蛋糕可吃，星期五也不會出現蘋果蛋糕了。

既然牽連到美食那就茲事體大了。再也不能為了某個放在暖處的麵糰會隨時發酵膨脹感到坐立不安，也不能被烤李子和蘋果的香味誘得離不開烤爐，更無法替剛出爐、熱騰騰的蛋糕灑上糖粉和肉桂粉，再也感覺不到替蛋糕抹上厚厚一層鮮奶油的快感。胃跟無底洞一樣大的十幾歲男孩們數著手指頭等待美食的樂趣消失了，這簡直是天大的挫折，還有比這個更讓人憤怒的事情嗎？卡斯佩爾和佐培爾忿忿不平，兩人決定要把霍琛布魯茨抓起來，只可惜沒有成功。活逮兩個小孩的霍琛布魯茨，讓佐培爾留下來幹活，把卡斯佩爾賣給了邪惡的大魔法師茨瓦凱爾曼。

茨瓦凱爾曼是一位偉大的魔法師，他可以把人變成動物，還可以把大便變成黃金，他唯一無法用魔法辦到的事情就是削馬鈴薯皮。這位邪惡的大魔法師每星期都會圍起圍裙親自削馬鈴薯，你知道為什麼嗎？因為不管是魔法師還是江洋大盜，只要他是德國人就不能一日不吃馬鈴薯。馬鈴薯是在十八世紀後半期傳來德國的，到了十九世紀初變成了國民食物之一，德國人吃馬鈴薯的方法很多，像是用鹽水煮、放在鍋子裡煎，或者是煮熟搗成泥、炸成薯條沾著番茄醬吃，茨瓦凱爾曼得到卡斯佩爾這個僕人後，就立刻吃了馬鈴薯大餐，他中餐吃了七碗馬鈴薯泥，晚餐吃了七十八顆馬鈴薯丸子配洋蔥醬，第二天早上又煮了滿滿一鍋馬鈴薯粥。他老是高喊多放一點！馬鈴薯，給我多放一點！

不知道是不是因為這樣招來馬鈴薯的詛咒，他的催促改變了自己的命運，他叫卡斯佩爾削馬鈴薯後，就外出了。卡斯佩爾趁他不在時救出被他囚禁起來的精靈阿瑪莉莉絲，精靈後來用她的魔法讓邪惡的魔法師沉入沒有底的沼澤內，魔法之城也隨之崩塌，霍琛布魯茨也連帶被逮捕，老奶奶為了兩個平安歸來的孩子烤了蛋糕要給他們吃。

因為貪吃馬鈴薯而招來如此禍害，恐怕是茨瓦凱爾曼

德式梅子蛋糕
牛肝菌濃湯
馬鈴薯丸
德國酸菜臘腸
Der Räuber
Hotzenplotz
wanted!

作夢也想不到的事情，不過即使事先知道，結局應該也不會有改變，這就是貪吃的下場。好比睡到一半突然嘴饞起來煮一碗泡麵吃，會換來隔天一張腫得像豬頭的臉，這都是早就預料到的後果；喝啤酒吃完炸雞，還要硬塞一份冰淇淋，明明知道後果是會讓褲子拉不上去，還是奮不顧身的把這些食物通通吞下肚，所有的結果都是心知肚明，可是要忍住不吃是不可能的事情。

霍琛布魯茨也無法忍住一時的口欲，他逃出去時，沒有趕快溜掉反倒是進了卡斯佩爾家裡，不是因為他要報仇，而是不自覺被香腸的味道吸引而走進人家家裡，平底鍋裡的香腸煎得批哩啪啦響，鍋子裡煮酸菜的聲音也發出咕嚕咕嚕的聲音，卡斯佩爾的中餐是德國油煎香腸配酸菜，正是跟酸菜最對味的香腸。

▾
▴

德國酸菜是醃漬高麗菜，先將高麗菜切成絲，灑上鹽巴後放在陰涼處使其發酵，味道酸酸的，但不是像涼拌卷心菜那種加醋的酸，是乳酸發酵的酸，跟韓國的泡菜或日本的漬物類似，可拿來配肉，也可以跟粗鹽醃牛肉一起夾在扁麵包裡當成三明治，當然也可以像卡斯佩爾家那樣煮熟了吃。一開始我還在想煮德國酸菜到底是什麼玩意兒，仔細想想後發現應該是類似韓國泡菜鍋的食物，以後若有機會非嚐嚐不可，但是對於加德國草本力嬌酒與野格力嬌酒的酸菜湯，以及巧克力酸菜蛋糕我就沒有膽量嘗試了。

德國酸菜在室溫下可以保存好幾個月，長久以來是德國人在寒冬裡補充維他命的來源。先前英國海軍因為奉命帶回能夠防止壞血病的萊姆，從此就被戲稱為是「萊米」（Limey），德國的船員也因為船上總有酸菜，所以被稱做是「克勞特」（譯註：與德國酸菜的音類似），美國在第一次世界大戰時，就曾經提議過想把敵軍德國的酸菜改名為自由白菜（Liberty Cabbage），據我瞭解，美國布希總統在伊拉克戰後為了與反美的法國相抗衡，也試圖想把炸薯條改名為自由薯條（Freedom Fry），除了反映其小心眼，更是毫無創意可言。

德國香腸是由小牛肉、豬肉、牛肉製成的一種香腸，雖然火烤的方式不失為是最經典的吃法，但也會放進高湯、啤酒裡煮。德國不愧為香腸之國，境內的香腸種類五花八門，霍琛布魯茨吞掉的食物之中似乎有一道法蘭肯香腸（Fränkischer Bratwurst），在霍爾茨豪森還有一座德國香腸博物館，被我們稱為法蘭克福香腸（frankfurter）的，是一種十～二十公分長的厚香腸，通常搭配酸菜或馬鈴薯沙拉一起吃。

▾
▴

霍琛布魯茨輕而易舉解決了九條香腸，將鍋底刮得一乾二淨，吃飽後還綁走了老奶奶，卡斯佩爾和佐培爾這次還是晚到了一步，立刻出發尋人，不料掉入大盜設下的圈套被活抓了起來。把兩個孩子五花大綁拖著走的霍琛布魯茨要是沒看到路旁冒出的松茸不知道有多好呢，事情總是不如人願，即使他忙著趕路，仍不忘摘了一堆松茸，他叫老奶奶幫他煮一鍋湯，大大飽餐了一頓。

我不得不說一句，像他那樣一個人大口吃得不亦樂乎的場面，誰看了心裡都不是滋味，火冒三丈的卡斯佩爾突然計從心來，佐培爾接受了高人指點後，故意對松茸湯的味道做出嘔吐狀，大盜看見了便逼著他喝濃湯，孩子用計成功，高興把碗裡的食物一掃而空，這時卻開始哀嚎：「唉呦！肚子好疼啊！」奶奶心疼得嚎啕大哭，卡斯佩爾著急得猛抓頭髮，「香菇是有毒的！」佐培爾才吃一點點就疼得受不了，更何況是把鍋底都舔光了的霍琛布魯茨呢，他的肚子也開始隱隱作痛，而且還狂冒冷汗。

這一幕困擾了我有二十幾年了，因為原著的插圖畫

的並不是松茸，看起來接近一般的香菇，我會對這種小細節這麼講究，是因為只要談到跟吃有關的，我是絕對不會落於人後的。由於我高中時選修過德文，為了這一幕我找了德國的網站，後來還真的讓我找到一個提到霍琛布魯茨與香菇的部落格，部落格裡的照片跟我小時候看到的插圖幾乎一模一樣，原來松茸的真實身分是美味牛肝菌，算是一種蘑菇，是歐洲人最喜愛的一種菇類，多半用來煮成濃湯、義大利麵與義大利燉飯，生長環境均勻分布於整個歐洲，多半是野生的，跟故事裡描述的很吻合。有趣的是美味牛肝菌是最安全的野生蘑菇，因為並沒有跟美味牛肝菌外觀類似的毒菇種類，如果是將巢穴設在森林裡的大盜，根本沒有不知道美味牛肝菌的道理，可惜霍琛布魯茨被唬得一愣一愣，終究難逃被逮捕的命運，總之都是被他自己的貪吃害的。仔細想想，為什麼卡斯佩爾和佐培爾兩次都挺身而出，信誓旦旦的說要抓住霍琛布魯茨，理由分析如下：在第一次主要是為了李子蛋糕，第二次是為了香腸和酸菜。第三次他們並沒有被偷走或搶走任何東西，不過仍然有各式各樣的美食。改過向善的霍琛布魯茨打開堆滿豬油、培根、莎樂美腸、起司、煙燻鯡魚的倉庫，要做一頓「大盜餐」請卡斯佩爾和佐培爾，還討論到未來，後來決定要開一家旅館，看到這裡，我真的好想走近書裡嚐嚐那一頓美食，而且我已經是大人了，還可以嚐嚐當地的啤酒！

大盜賊系列書一共被翻成三十四種語言，其實書本從頭到尾都是在談吃，奧飛・普思樂本人也表示過，之所以動筆寫這本書，主要是為了宣揚德國的傳統美食，但是他其他的著作也擺脫不了這樣的嫌疑，例如《鬼磨坊》，雖然故事感覺很陰森森、氣氛凝重，可是小說裡對於每天要吃什麼還是非常計較的。

我喜歡這本書。成為邪惡魔法師的僕人的卡斯佩爾並沒有因為自己的處境自怨自艾，反倒是在看到各式長度與厚度的香腸噹啷噹啷的掛在茨瓦凱爾曼的食物倉庫時，還感嘆簡直就像天堂。其實我也是這麼想的，我也好想在這麼無憂無慮的國家裡盡情將自己的貪吃發揮到淋漓盡致。在那裡我唯一會面臨到的最大危險，大概就是被霍琛布魯茨襲擊了，而我可以把體重完全拋在腦後，盡情的吃、盡情的享用，倘若霍琛布魯茨真的突然出現，我也絕不會讓他搶了我的午餐，因為我會在大門掛上七個無堅不摧的大鎖，晚上也會把門關得緊緊的不讓賊人有機可乘，還有一招好用的辦法，那就是乾脆大方的打開大門，每天煮臭味逼人的韓國納豆湯或是醬油醃螃蟹，那就沒人敢靠近了。

## 《大盜賊》

奧飛・普思樂

《大盜賊》、《大盜賊再現！》、《大盜賊又出現了！》這三部作品為德國傳統木偶劇《卡斯佩爾》紮下了根基。卡斯佩爾這個角色有點像是活寶兼大衆英雄的搗蛋鬼提爾的年輕時期，他挺身拯救身陷危險的朋友，懲罰邪惡的魔女和大盜。

木偶劇已從十七世紀流傳至今，普思樂為這些木偶重新注入了新生命。他賦予獨特、奇特的性格給那些世人耳熟能詳、一成不變的登場人物。例如警察迪姆摩瑟爾說自己的制服在洗衣店，而放棄追捕大盜，修斯塔貝克夫人只因覺得無聊，竟把德國狼犬變成聖伯納犬，又變成了鱷魚，對於這般天馬行空懲惡揚善的故事，相信小朋友和大人都能讀得津津有味。要是這部《大盜賊》系列裡的主角老是萬事亨通、無所不知，這種老梗不曉得看過幾千幾百回的我們，恐怕會覺得枯燥無聊了。

雖然沒有豬血糕，不過還有泡在義大利產葡萄酒的燉鴿肉、
烤兔肉、禁食日吃的米粉和琉璃苣派、醃漬橄欖、
烤乾酪，搭配胡椒湯的羊肉、炒豆、豐富的高級飲料、
聖伯納餅、聖尼可羅派、聖露西亞丸子、葡萄酒……
甚至還有令酒醉的人為之興奮的藥酒。

——安伯托・艾可，《玫瑰的名字》

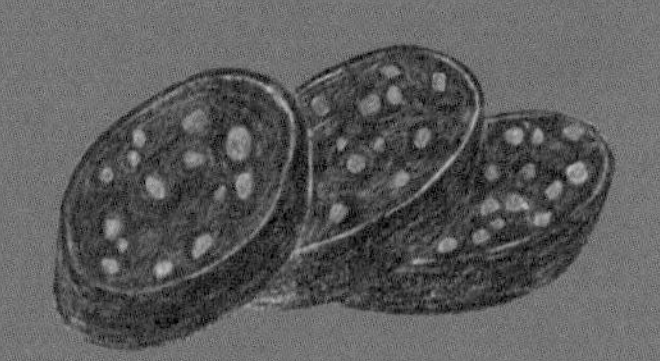

# 修道院的饗宴
# 一口接一口
# 吃到渾然忘我

▼
▲

一三二七年十一月的最後一個星期日，學識淵博的方濟各會修士威廉帶著本篤會見習僧侶阿德索前往義大利半島北部，他們循著朝聖者們走過的蜿蜒小徑，最後抵達本篤會修道院。

十三世紀時，清貧主義者主張摒棄身上的財物，向教會的富有與腐敗挑戰，對於清貧本質的爭議，並非在於是否持有財物，他們因為反對教會插手政治與涉入世俗，所以被異端彈壓。由於方濟各會主張清貧思想，跟亞維農的教宗若望二十二世產生對立，還牽連到德國的路易四世，因為他創立方濟各會，就是打算以此牽制教宗。

威廉不是去那玩的，他的使命是負責調解雙方最後的紛爭，後來接二連三發生事故，弄得他疲於奔命。首先是阿德爾摩修士莫名其妙死亡，再來是維南蒂烏斯修士的屍體倒立泡在豬血桶裡。威廉雖然挺身追查，無奈卻無任何線索，就在殺人事件陸續傳出時，兩方的使節團突然到訪，修道院為此舉行了招待晚宴。

修道院雖然發生一堆事，還是照常準備了盛大宴會，坐在修道院院長一邊的是以切塞納的米歇爾為主的方濟各會的理論家們，另一邊則是以貝勒那勒奇為首的教宗派神學者，他們臉上的表情有點不大高興，不過並不是因為食物的關係。與清貧兩字絲毫扯不上關係的宴會桌上，山珍海味應有盡有，若硬是要挑剔，就是少了豬血糕，也就是血腸。雖然院方一大早就殺了豬，卻在裝血的桶子裡發現了屍體，所以血腸也就泡湯了。

▼
▲

中世紀的冬天是從「血之月」開始的，宰殺家裡所有的牲畜，除了可以節省飼料，一方面也是為了儲備冬天的糧食。十一月宰殺還太早，因為天氣要是不夠冷，就不適合儲藏食物，修道院位於冬天提早到來的皮埃蒙特，所以才會提早殺豬。位於義大利半島的皮埃蒙特跟法國、瑞士相接壤，各式各樣的料理非常著名，此地除了是義大利最頂尖的料理學校和慢食運動協會所在處， 也是艾可的故鄉，皮埃蒙特除了在《玫瑰的名字》登場，也是他其他部小說的背景。

皮埃蒙特有許多特產美食，例如以蛋黃、糖、葡萄酒做成肥料餵食，身軀異常龐大，每公斤價格從一萬歐元到一萬五千歐元不等的白松露，比其他地區高級的葡萄酒和各式各樣的起司……，還有一旦開吃就再也停不了的能多益榛果巧克力（Chocolate Spread Nutella），被稱為是惡魔的食物。

十三世紀，基督教勸導信徒們到羅馬聖地朝聖，以取代前往阿拉伯佔領的耶路撒冷。從阿爾卑斯山到羅馬，光是義大利北部就有六百五十座修道院，前來朝聖的信徒們帶著全世界各地的商品湧進羅馬，修道院的圖書館裡盡是食譜料理書籍，修道院裡有農地、家畜，食材要什麼有什麼，於是廚房成為實驗與研究新料理的地方。義大利的修士替整個歐洲文化移花接木，完成了一套地中海菜單，有義式麵類、可樂餅、煙燻火腿和起司，修士們研創出來各種料理，到了二十一世紀仍大受人們的歡迎。

修道院長抱持替雙方進行和解的心，準備了整個義大利地區的美食，其中最重要的一道菜非血腸莫屬了，血腸是一種豬血、肥肉、麵包、地瓜、洋蔥、大麥、燕麥等食物混合後凝固的食物，可以冰冰的吃，也可以油炸、火烤、油煎來吃。院長為什麼沒有選擇芙瑞烏瑞（Friuli）著名的豬血巧克力（sanguinaccio），而選擇卡西諾山風味的血腸並非偶然，因為聖本篤在西元五二九年創立的第一座修道院就是位於卡西諾山。

不曉得是不是因為聖本篤的庇護，原本冷淡的氣氛在開始用餐後消失得無影無蹤，想必是美食當前，理念、宗教就通通被拋到腦後了。管他是大呼清貧口號的方濟各領導人米歇爾，還是道明會最高審問官兼古文專家的貝勒那勒奇，在各式珍

PIEMONTE
BLACK PUDDING
[BLOOD PUDDING]

饈面前也顧不得自己的形象，反正先吃了、喝了再說。

有很多關於義大利人注重美食的傳說，一九八八年義大利總理馬西莫·達萊馬因為發表了一則貶低義大利餛飩的發言，成了任期一年的短命總理；波隆那這個地區出現四十年來第一位反共產主義的候選人當選市長後，他的參謀們便催促市長盡快發表支持義大利餛飩的聲明；一九九九年歐洲聯合立法部成立比薩的烤爐溫度必須設在二百五十度的法案，這樣的提案使整個義大利接連發生暴動，提議法案於是撤回，不管你信不信，義大利軍隊甚至認為葡萄酒的供應比起彈藥要重要許多。

即使是以教會為日常生活準則的中世紀，情況也沒有太大的改變。按照規定，每年有三分之一的時間是禁止吃肉的，四旬節期間甚至連雞蛋也不能碰，但是義大利的高層神職人員與一般信徒其實並無嚴格遵守教會規定，只有極少數的修士才會嚴格遵守禁食，多數的修士只會在餐廳遵守禁食的規定，他們可以待在免戒室裡享受豐盛的大餐。

▾▴

盛況空前的晚餐結束了，而聖本篤的庇護也到此告一段落，貝勒那勒吃了一頓，睡了一晚，第二天清晨便立刻開始審判異端，將修道院逼進恐怖的深淵。萬一屍體不是在豬血中，而是在廁所發現的話，卡西諾山風味的血腸便可以安然無恙的端上餐桌，說不定雙方人馬就會來場含淚大和解？我想是我多想了，結局或許還是一樣，時間能夠沖淡一切恩怨，或許等下次大家有機會再度相見時，血腸還是會出現的，到時大家仍會在和樂融融的氣氛下用餐，然後第二天還是照樣會鬥個你死我活，至死方休。

一開始我還有點反感，美食當前竟然立刻把意識形象拋在腦後，不過當我查找各種關於義大利美食方面的資料時，也滿腦子只想著要去義大利，不過我只要想到義大利濃得要死的咖啡和小得要命的布里歐麵包，而且早餐店裡連一張椅子也沒有，必須站著吃，還規定不到十二點半前還不能點中餐，這教我怎麼活下去，所以也就沒有買機票的衝動了。

艾可小說的俄文版譯者愛蕾娜・寇斯提可菲基寫了一本《何以義大利人喜歡美食故事呢？》，艾可替這本書寫了序文：「因為我很喜歡讓小說裡的主角吃美食，……若要介紹南部島嶼或東方的拜占廷帝國、數百年前消失的世界給讀者，就唯有靠讓主角吃美食不可了，當主角吃東西的時候，讀者也會跟著一起吃，這樣就能理解他們的思考方式。」他在《玫瑰的名字》中也提到：「小說是一種契機，促使許多解釋發生，」我自己的解釋是修道院院長為了求得聖本篤的庇佑，所以打算準備卡西諾山風味的血腸，是否艾可的用意也是如此那就不得而知了，不過確定的是像我這種自始至終都對美食懷抱熱情的人，他應該會喜歡我的解釋。

## 《玫瑰的名字》

安伯托・艾可

安伯托・艾可是世界知名的符號學家，也是後現代理論家。他在四十八歲時才寫了第一部小說，在那之前則一直是學者的身分。他在寫書時是有鎖定讀者群的，因為故事發生的背景是大家生疏的十四世紀，內容有絕大部分都是在說明修道院的建築物與神學上的爭論，而且充滿了複雜的符號與象徵，不過《玫瑰的名字》意外廣受好評。現在的艾可不只是一位學者，更是一位暢銷書作家與文化評論家，甚至會讓人聯想起「名流人士」。若是單純以「小說」的觀點來看，他寫的故事有一個缺點，他是那種不會親切牽著讀者的手走向故事，不管讀者跟不跟得上他的腳步，他自己會先往前走的那種作者，不過他擁有其他說故事高手所沒有的一項優點，那就是他對中世紀瞭解透徹，因為他本身還是一位優秀的符號學學者，藉由這些專業的力量他賦予了自己小說獨特的個性，讓身為讀者的我們能夠享受與眾不同的樂趣。

如果不想被翻桌，
那麼除了泡菜和大醬之外，勢必需要另一道讓人垂涎的菜……
咸安宅在蔥花湯裡打了一顆蛋，
然後拿出放在鍋子裡的飯碗，將飯菜擺好……
金平山看到蛋花湯後，
難得的心情看起來不錯，
——朴景利，《土地》

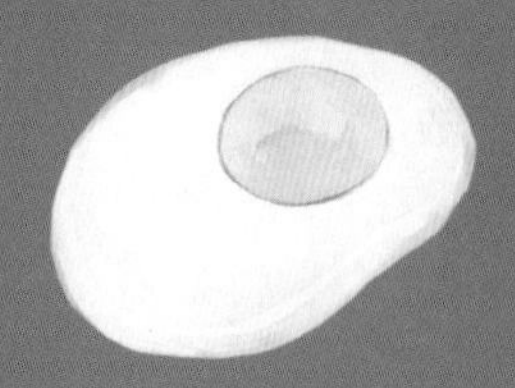

# 一個荷包蛋的重量

▾
▴

荷包蛋對她來說是傷心的回憶，因為媽媽只會在大哥的便當盒內放荷包蛋，不是因為家裡經濟不好，只是為了在兄弟姊妹面前建立長子的威嚴，這是發生於一九八〇年代中期的事情。荷包蛋對他來說是最讓他驚訝的記憶，在他念大學的時候，每天都跟校門口的鎮暴警察對恃，最後被抓進拘留所，每到吃飯時間就會出現鐵便當盒，便當盒裡的大麥多過白米，配菜是醃蘿蔔和泡菜，雖然肚子很餓，卻沒有想讓人動筷子的欲望，倒是有一個人擁有特權，雖然不過是多了荷包蛋和湯，稱不上是什麼了不起的菜色，還是引起了一陣騷動，最後拘留所裡的學生一起分食了這個便當，配一塊眼屎大的荷包蛋，就算是粗糙的大麥飯也會變得很好吃，這是發生於一九九〇年代初期的事情。

雞蛋已經不再昂貴，一九八〇年代、九〇年代，雞蛋的價格已經很便宜了，更何況是二十一世紀，即使是在一盒雞蛋賣一千塊韓幣的時代，冷麵上的水煮蛋還是只有半個。

▼
▲

長久以來，雞蛋是一般人唯一垂手可得的動物性蛋白質，而且還有多到難以計數的料理方式，其中的水煮蛋是最簡單也是最困難的料理，很容易就弄破，而且不是蛋殼很難剝，就是煮到硬梆梆。想吃到水分飽滿、柔嫩的雞蛋，水的溫度就必須維持在八十度到八十五度之間，若蛋黃帶點豆綠色，是因為硫化鐵的緣故，雖然對人體無害，看起來倒是不怎麼美觀，盡可能使用新鮮的雞蛋，煮熟了就立刻取出來放進冷水裡冷卻。

水煮荷包蛋聽起來雖然簡單，但做起來很難，因為同時需要果斷與細心，但相對的也是一道有成就感的料理，柔嫩的蛋白與隱隱流出的蛋黃是最完美的。夾在英式鬆餅裡的班乃迪克蛋上所淋的荷蘭醬，是以雞蛋和奶油調製而成，這道美食吸引了許多追隨者。

油煎荷包蛋的做法非常簡單，熱油鍋後將蛋打到平底鍋裡即可，這麼簡單的料理，事實上變化多到讓人驚訝，大概是因為人人會做、人人喜歡吃的緣故。究竟什麼樣的荷包蛋才是完美，各方意見不一。將蛋汁攪拌一番後，再放進油鍋裡煎是為歐姆蛋，在伊朗會加番茄，在印度則是加香菜或孜然等香料，中國的蚵仔煎是一道很受歡迎的美食，美國也有牡蠣煎蛋，裡頭加了培根和牡蠣，西班牙馬鈴薯蛋餅內含大量的馬鈴薯，可以吃到飽足，義大利式的

The World
煎蛋
水煮蛋
義式菠菜烘蛋
歐姆蛋
班尼迪克蛋
玉子燒
50g

菠菜烘蛋加了起司、蔬菜，偶爾會加入吃剩的義式麵類，玉子燒是日式的歐姆蛋，通常以日式鰹魚高湯調整蛋汁濃度，有時也會加入山藥泥。

▼
▲

咸安宅為丈夫準備的菜色中，並沒有加入切碎的紅蘿蔔與菠菜做成韓式歐姆蛋，也沒有加入蔥絲，以蝦醬調味的蒸蛋，她煮蛋花湯只是為了讓份量看起來多一點，孩子的爹原是韓國兩班階級，不過那只是他的出身，他是個連農夫也瞧不起的可憐人，因為他沉迷於賭博所以很少在家，女人只得代替他下田耕種維持生計。每次他一回家就對女人拳腳相向，女人的逆來順受並不是出自於個性堅忍不拔，只因她是中人階層（韓國舊時社會階層介於兩班貴族與平民之間），只知道死心眼的順從兩班。

地位是上輩子就注定好的，再也沒有比雞蛋更適合表示階級的食物了，雞蛋本身就是一個小型世界，一顆五十公克重的雞蛋含有醞釀一個生命誕生所需的所有營養。

雞蛋是營養很均衡的蛋白質食物，價格低廉容易取得，只要不是夏天，可以在室溫保存好幾個星期，不過雞蛋的膽固醇含量很高，一顆蛋的含量就已經超過人體每日建議攝取量的三分之二，基於健康因素考量，有一陣子雞蛋的銷售驟減，現在的觀念是健康的人一天吃一顆蛋並不

會影響健康。有一件事情不能掉以輕心，那就是沙門式菌，若雞蛋受到雞屎污染，會引起嚴重的食物中毒，雖然近來的雞蛋都有經過水洗，還是建議購買冷藏的雞蛋時，回到家後立刻冷藏，盡可能在兩個星期內吃完，最重要的是一定要煮到全熟。

在二十年前，白雞蛋是比較多的，坊間因為盛傳黃色雞蛋的營養價值比較高，使白色雞蛋的蹤跡頓時減少許多，其實外殼的顏色與品質並沒有關聯性，在雞的體內雞蛋全都是白色的，差就差在下蛋之前。

蛋殼的顏色會因為雞的品種的不同而有差異，大部分不是白色就是褐色，偶爾也會出現粉紅色、藍色或者是有斑點的青綠色。除了韓國以外，其他國家也有偏好的雞蛋顏色，美國的雞蛋雖然普遍為白色，但是部分東北地區尤其是新英格蘭，雞蛋顏色多為褐色，在英國則很難買到白色的雞蛋，日本並不販售黃雞蛋，應該沒有人會喜歡藍色的雞蛋，所以世界各地的國家也就不會生產，於是哪裡都買不到，這就是商業養雞的理論。

▼▲

現今的養雞場其實算是工廠，以一九九〇年為基準，世界上有七五%的養雞場，美國有九五%的養雞場都是採用籠飼的方式，養雞場裡雞籠層層相疊，初期的費用雖然高，但營運的費用比較低，除了飼料耗費較少，方便蒐集排泄物以外，也比較容易蒐集雞蛋，因為空間狹小，因此不須花費太多的人力經營。

購買一盒一千韓幣雞蛋的人恐怕不知道底下實情，籠飼雞的活動空間比一張A4紙還要小，雞根本無法伸展雞翅、沒辦法用嘴巴啄飼料以及用腳爪耙地，當然，沙子浴或到處啄食更是不可能的事情。雞因為受到壓力所以會啄對方，很多雞隻不是嘴巴歪掉、骨頭受到傷害就是掉毛掉的嚴重，一般雞隻的壽命是五到十年，而養雞場裡的雞因為每天都得下蛋，一年後產卵率下降後，就會淪落到被宰殺的命運。篩選廢雞的過程韓國業界術語稱之為「拔掉」，若親眼看到關雞的超小雞籠，就會認同為什麼會用拔掉來形容了，與其把雞稱為是一種生物，倒不如說是雞蛋生產工廠還比較恰當，若看到雞隻被關在小不隆咚的籠子裡，便不會覺得那樣的說法是隱喻，簡直就是事實。

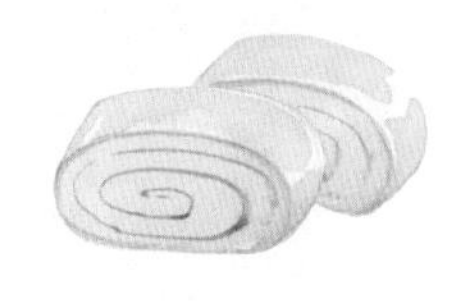
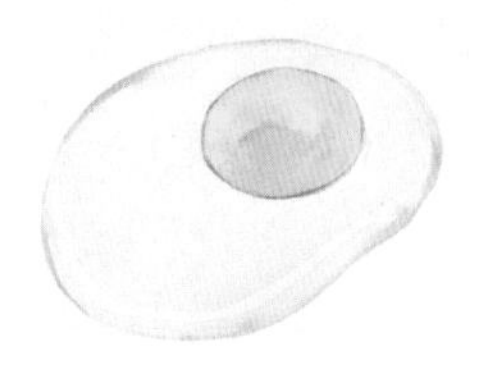

隨著動物保育協會的抗議聲越來越高，放飼雞有越來越多的趨勢，歐盟甚至立法禁止使用籠飼的方式養雞，雖預定二〇一二年一月一日起法律開始生效，但是有多數的會員國不贊同此法的施行，並不是只要讓雞隻放飼所有的問題就能迎刃而解，以二〇一〇年為基準，美國尚無針對「放養」的法律訂出相關規定，驗收系統也是一樣，就連美國養雞協會的發言人也表示承認野放飼育基本上也是室內飼育，雞在陽光揮灑的草地上自由自在奔跑的景象只是都市人天真的想像，許多放養的雞群是待在連窗戶也沒有的雞寮裡，整個雞寮只有一片小門，若硬從小門衝出去，外頭是圍了籬笆的小院子，因為空間狹小得很，雞也沒有辦法就地飛過去。合格的放飼場需要寬敞的空間以及更無微不至的照顧，草地最好能分成好幾個區域，讓雞隻在每

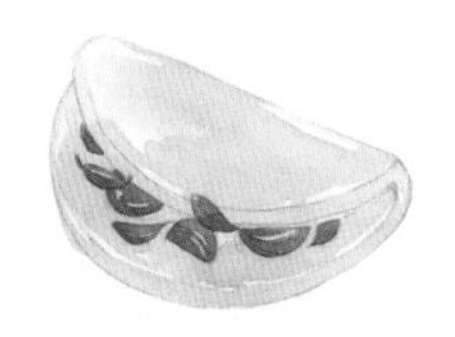

個區域都輪流待上一陣子，等土地上的草枯黃了，排泄物累積到一定的程度了，才遷徙到另一個區域。不過從商業養雞的觀點來看，以上種種只會增加費用，價格也會隨著增高。

雞想要過幸福的生活，眼前唯一的辦法是回到一百年前，舊時人家的院子裡通常會養六、七隻雞，以前的人們把這些雞每隔兩三天所下的蛋視為寶貝，有些人則把雞蛋聚集起來變賣，想必當時雞蛋的價格一定非常昂貴。雞蛋跟高價位的魚子醬是沒關係的，不過若是泡菜炒飯上頭沒有了荷包蛋，這樣的事實應該讓人難以忍受吧？

咸安宅為了得到四顆雞蛋，做了一套韓服的綢子上衣，就算她做針線活的速度再快，也是花了兩天的時間才完成，如果是你，會為了吃到雞蛋做針線活嗎？我做不到，相信大家也是，所以我們只能繼續虐待雞。

## 《土地》

朴景利

一九六九年朴景利開始在《現在文學》連載《土地》時年紀是四十三歲，當他在一九九四年完成四萬張的手稿時，一轉眼已經六十八歲了，不管是作家還是普通人，他都奉獻了自己人生最巔峰的時期。

《土地》在每個人的心裡都是代表韓國現代文學的小說，很可惜，因為這本書的龐大分量以及他名字的重量，使得一般人無法輕易接近他的小說，把小說從頭到尾看完的人是少之又少，我在讀這本小說之前也曾經猶豫不決，一方面迫不及待想先睹為快，一方面又擔心會不會很難懂？會不會讀不到幾分鐘就立刻把書丟開？

這本書是一部羅曼史，描寫一個個性堅強的美女和多情男子之間的情愛，同時也是一齣悽慘的復仇劇，有華麗壯闊的武打劇情，還有不少的煽情戲碼，可以抱著姑且一看的心態先閱讀看看，不過附帶一提，我家附近圖書館裡的《土地》早就被翻爛了。

粥端上桌了，
為了這頓馬上會吃完的飯，做了又臭又長的祈禱。
粥吃完了，
少年們彼此交頭接耳，對奧利佛使了一個眼色，
……他從餐桌上站起來
拿著湯匙和碗走向院長……
「我還要。」
——查爾斯．狄更斯，《孤雛淚》

# 孩子們的
# 一碗粥

▼
▲

我的字典裡沒有偏食這兩個字，我是家裡的獨生女，從小在哥哥和弟弟之間的夾縫裡求生存，除了我，還有另外兩個人也要吃飯，所以我很早就覺悟到，此時不吃那麼就永遠吃不到的道理。雖然我什麼都吃，但有一項例外，那就是粥，因為我覺得飯就是要粒粒分明，就算是用吹也吹得走的硬飯也行！我也喜歡安南米，但如果米煮得太爛，就會消化不良。我討厭粥，除非我瀉肚子到全身發軟，或者因為發高燒而神智不清，否則我是不會煮粥來吃的。

我是先看完電影版的《孤雛淚》才看小說版的，在一九六八年的音樂劇版本中，奧利佛遞出碗說出著名台詞的場面，讓我瞪大眼睛老半天說不出話來，我不是心疼奧利佛因為說錯一句話被趕出救濟院，從此在路邊過著乞討的可憐生活，而是他開口要的食物如果是麵包、肉類就算了，竟然只是一碗粥？《保母包萍2：瑪麗・包萍回來了》裡的珍雖然乖巧的像從畫裡走出來的小孩，但是若要她吃燕麥粥，她就會離家出走，《瑪麗・包萍的奇幻公園》裡的瑪麗在米瑟斯偉特宅邸裡的第一頓早餐，因為推開端來的燕麥粥而讓僕人瑪莎驚訝得非同小可，「天啊，妳竟然討厭喝燕麥粥？要是放點糖漿或砂糖，不知道有多好吃呢。」想說「天啊」的人應該是我吧，粥已經夠難吃了，竟然還要加糖？到底是為什麼呢？

▼
▲

在烤箱與麵包的時代來臨之前，燕麥粥是歐洲人攝取穀物最普遍的方式，燕麥粥主要以燕麥熬煮而成，也會加米、小麥、大麥、玉米、豆子，《瑪麗・包萍的奇幻公園》的背景在英國約克郡，做法是將燕麥粉煮成燕麥粥，吃的時候配牛奶，跟吃蕎麥麵一樣，舀一湯匙的燕麥粥放在牛奶裡一起吃。

讓奧利佛想要再吃一碗的是比燕麥粥還要稀的稀粥（gruel），吃的時候其實用不著湯匙，直接以嘴就口呼嚕呼嚕的喝即可，稀粥和貧困有直接的關係，只要加水進去，看要讓量增加多少都沒問題，救濟院之所以餐餐都提供稀粥並不是因為沒錢，那些英國救濟院制度的立法者們，致力於實驗怎麼不讓食物與衣裳維持在適當的水準之內，因為他們相信，貧窮全然是因為懶惰造成的，擔心若是救濟院的過度照顧，會讓貧民們只想坐享其成，完全不想工作。政府故意將救濟院塑造成一種憂鬱的地方。

貧民在救濟院開門以前，會先把自己身上的錢埋在地

Gruel
Oliver Twist

下，把火柴、香菸藏在襪子裡，因為一旦踏進了救濟院，這些東西都會被沒收，進去後便立刻脫掉身上的衣服被拖進去洗澡，洗完澡後穿上拖到大腿的襯衫，吃完飯後會被趕到小房子裡鎖起來，那裡的菜色不論分量或菜色都遠不及牢飯，在救濟院裡，會將妻子、丈夫，父母與孩子關在不同處，貧民恨透了救濟院，越來越怕這種地方。

其實稀粥並非貧民專屬的食物，珍・奧斯丁的小說《愛瑪》裡富裕的中產階級紳士亨利・伍德豪斯因為稀粥有助於消化對健康有裨益，因而非常稱頌稀粥。英國維多利亞時代勞動階級的平均壽命是十七歲，上流階級也不過三十八歲，在動輒死亡的時代裡，人們被消化不良的恐懼籠罩的程度，恐怕現代人難以想像。小孩子從斷奶後一直到十七歲，因為人們認為大人吃的食物並不容易消化，所以這段時間吃的食物不外乎是一些羊肉、馬鈴薯、麵包、牛奶、布丁與稀粥，食物的供量很少，不是只有貧民才這樣，就連在私立寄宿學校就讀的富家子弟，也是經常挨餓的。

粥在東方是提供給病重的病患、兒童、老人，適合沒有什麼食欲的早上。包括中國的粥，亞洲粥品的固定班底是白米，會加一些肉類、蔬菜、海鮮，甚至也會放豬血糕，無奇不有，吃粥時會搭配一些像魚乾、鹹蛋等酸酸鹹鹹的小菜。特別是以中國為主的東南亞各國，會搭配的一種油炸的麵包——油條一起吃。

每一種文化都有粥，像是波蘭把燕麥放進牛奶裡煮，搭配糖、奶油一起吃的查戚耶魯卡（zacierka），還有把玉米磨成粉下去煮的墨西哥玉米粥（Atole），很濃稠、接近慕斯的義大利波倫塔，加入茶的西藏糌粑，淋上椰漿搭配咖哩與Chutney……這麼多種類的粥品告訴我們，人類要是沒有攝取碳水化合物就無法活下去的事實，人類的歷史就是碳水化合物的歷史，古今中外不管哪種文明，人類都是靠吃米、玉米延續下去的。像是韓國的白米飯、印度烤餅、墨西哥薄餅、法國棍子麵包、玻里尼西亞的麵包樹果實，若人類沒有攝取碳水化合物，那麼就算吃再多的肉類或蔬菜，都會覺得沒有飽足感。

在一世紀以前，八五%的人口對於生存所需的熱量，是靠澱粉類食品攝取而來的，主要也是因為沒有能力取得價格昂貴的脂肪或是蛋白質食品。《常綠樹》一書裡曾經提過：「但是，我們農民即使沒有遵照現代的營養學說攝取什麼維他命A、維他命B，也是活得挺好。」這部小說的時代背景是一九三〇年代，那個時期整天進行勞動的農民吃的是加入一點白米的大麥飯，配上自家醃漬的醬菜或辣椒醬。

▼
▲

到了二十一世紀，雞蛋、肉類並不會很昂貴，這時期的脂肪可以說是最廉價的食物，即使如此，人類過於仰賴碳水化合物的情況仍然沒有產生太大的變化。韓國曾在二〇一〇年重新修訂韓人的營養攝取標準KDRIs，十九歲以上國人營養建議攝取值為五五～七〇%的碳水化合物，七～二〇%的蛋白質以及十～二五%的脂肪，但是為數不少的人每日攝取超過建議值以上的碳水化合物，尤其以女孩子最為嚴重。

許多女性是碳水化合物的中毒者，原因是因為當人一旦受到壓力，就會不自覺的想吃東西，通常是吃一些麵包、蛋糕、義式麵食或辣炒年糕等食物，一旦大開吃戒就停不下來了。嚴格來說，所謂的碳水化合物中毒在科學上並沒有任何根據，只是一般都會引用這樣的詞來形容，而碳水化合物中毒跟吸毒、酗酒一樣，也有勒戒的機關。

為什麼人類這麼喜歡吃碳水化合物？有人將之解釋成荷爾蒙的不協調，胰島素是胰臟分泌的一種荷爾蒙，人體利用它將碳水化合物轉換成能量，倘若攝取過多的碳水化合物，胰島素就會過度分泌，這時便會加速進行分解，一旦如此，血糖值就會急遽下降，當血糖值下降時，人體又會產生想要攝取碳水化合物的欲望，若一直反覆這樣的過程，體內就會產生反抗，胰島素的分解效率就會降低，而不斷重複過度分泌的惡循環，但是這樣的假設性說法尚未得到充分認證，也有很多人主張碳水化合物的暴食單純是一種學習反應， 因為大腦記住吃完餅乾或糖果時的好心情，所以傷心、生氣時會習慣性的想吃那些食物。

能夠肯定的事實是，人可以放棄所有碳水化合物以外的食物，但是死都不會放棄碳水化合物的食物，斷絕穀食如同放棄求生，即便是稀到不行，跟白開水沒有兩樣的粥，只要裡頭有碳水化合物，就可以讓生命延續下去，另一方面，就算有再多的食物，也還是會準備碳水化合物的食物吃。

如果說二十世紀以前只吃碳水化合物是出於貧窮，二十一世紀以後，則是因為食物來源豐富而特意吃碳水化合物。十九世紀的貧民在稀粥裡加水跟二十世紀的我們在油炸甜甜圈上灑上糖粉的理由是一樣的，要是吃不夠，就會想辦法增加它的量，若有吃剩的食物，也會費盡心思變出更多的花樣來，碳水化合物就是糖，甜的東西就是好吃。

雖然我討厭吃粥，但是非常喜歡吃飯，我覺得世界上最美味的食物就是白米飯，最完美的小菜是鹽巴，我總把剛煮好還在冒煙的飯，厚厚的添在碗裡，細嚼慢嚥品嚐白米飯的滋味，嚼得越久就越能吃出甜味，在這份樂趣消失之前，我會沾一點點鹽巴來吃，就這樣吃到甜味、鹹味，然後又是甜味、鹹味，這是最簡單的饗宴。

## 《孤雛淚》

查爾斯・狄更斯

奧利佛在救濟院裡出生，沒有父親，母親生下他後就去世了。奧利佛因為說錯一句話被趕出救濟院，由於他臉上的表情總是看起來很陰鬱，正好適合葬禮的氣氛，所以後來在一家葬儀社工作，但是因為遭到同事陷害，只好離開葬儀社。奧利佛後來去了倫敦，前方等著他的盡是小偷、騙子、暴力的世界。經過幾番波折，他終於找到自己的親人並且過著幸福的日子，是一部有快樂結局的小說。

查爾斯・狄更斯是維多利亞時代最具代表性的小說家，他是當代最受歡迎的作家，非常傳神的將富有與悲慘共存的時代介紹給後代。他生前輝煌，死後照樣繼續大放異彩，他寫的書從沒有一本是絕版的，總是不斷地出版再版，當時最熱賣的書是《雙城記》，而現在人氣最高的作品首推《孤星血淚》與《雙城記》，不過對我來說《塊肉餘生錄》不論是好的方面還是壞的方面，是最棒的狄更斯式作品。

女孩是用什麼做成的？
糖、香料和所有好東西，
女孩是這些東西做成的。

——作者未詳，《鵝媽媽》

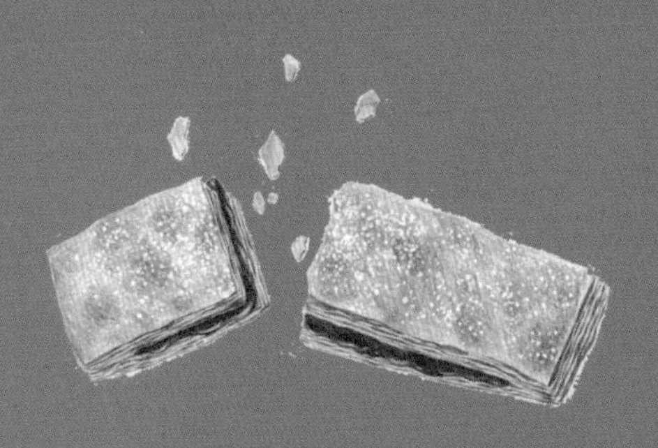

# 惡魔的誘惑
# 卡滋卡滋

▼
▲

我有一個很簡單的疑問，為什麼對身體不好的食物都那麼好吃呢，雖然好吃的食物不見得一定對身體不好，但是對身體有害的食物就一定很好吃。培根煎過後，邊緣會變得很酥脆，肥肉的部位會變得軟嫩好吃，把炸紫菜卷浸在辣炒年糕的湯汁裡吃也很過癮，夾一塊煎到兩面呈金黃色的午餐肉配一口熱呼呼的白米飯，真是好吃得受不了。當我很累、憂鬱、想發脾氣時，腦子裡首先想到的食物不是雜糧飯、香煎豆腐或是炒香菇，而是泡麵、火腿肉、蛋糕、啤酒、白蘭地和伏特加。看來我這個動物，恐怕是沒有自我保護本能這種東西了，理論上當身體狀態越不好時，就越要吃對身體好的食物才對，但是我卻反其道而行，破壞自己的健康恐怕是一件上癮的事情了。

麵粉不好，油不好，糖也不好，這些食物光是單吃就已經不得了了，更何況是一次三種全吃，女孩子們是用糖和香料，還有所有好的東西做出來的，「所有好的」說得很籠統，但絕對有油和麵粉，還有美麗的、親愛的、壞的。

▼
▲

在《大地》中，窮農夫王龍娶了大戶人家的丫鬟阿蘭為妻，阿蘭嫁過來的第一個中秋節，她用糖和豬油做成王龍生平首見的月餅，月餅的英文很浪漫，按照字意解釋是月亮蛋糕，阿蘭將做好的月餅當成禮物送給前主人，雖然王龍沒有嚐到滋味，他本人倒是不介意，因為那是無法跨越，高貴又美麗的境界，光用眼睛瞧，就覺得像是一場短暫而且美麗的夢。日後王龍成了有錢人，納了妾過著揮金如土的日子，阿蘭做的酥皮點心仍是他無福消受的幸福，酥皮點心不是麵包也不是白飯，不是主食是點心，不是必需品而是奢侈品。

酥皮點心的英文為pastry，從paste演變而來，意指發出「酥脆」的聲音，雖然麵包和酥皮點心同樣都是用麵粉做成的，前者口感鬆綿，後者酥脆，大家都知道油滋滋的麵糰，正是酥脆口感的祕訣。搓揉麵包麵糰的時候，水分侵透到麵糰裡，醇溶性蛋白和麥穀蛋白經過膨脹與結合後形成麩質，麩質的黏度與彈性是讓麵包好吃的要素，但是卻是毀掉酥皮點心的禍端，因此製作酥皮的麵糰時必須小心翼翼，得一直在麵糰的表面沾油嚴防水分入侵，通常不使用水分含量高的奶油，而改用牛油或是豬油。

這個酥脆可口的惡魔，打從人類誕生就一起來到了世上，美索不達米亞的軟泥板上以楔形文字記載了許多關於

Pastry

酥皮點心的新料理，西元前五世紀阿里斯托芬的戲曲裡也有酥皮點心登場亮相，之後主要在中東發展，然後才經由十字軍東征傳到歐洲，中世紀才開始使用豬油和奶油，糕點從這時期開始大放異彩。不過中世紀的酥皮點心與其說是食物，不如說是一種碗，上流階級的人吃的蔬菜和肉是裝在coffin，又稱為箱子的堅硬派皮裡的，這種「碗」不是被丟掉就被窮人撿去。

到了十七世紀，隨著糖越來越普遍，民間開始用糖水煮果肉來當內餡，於是酥皮點心成為甜點而非鹹食了，加上陶製、金屬製的製派烤盤越來越普及，也就不再被當成碗使用，於是酥皮點心的外皮越來越薄，口感也越來越酥脆，現今糕點外觀的形成大約是在十九世紀時固定下來的，這都要歸功於素有廚中之王的馬利・安東尼・卡瑞蒙。

到了現代，我們把糖以外的甜點一概皆以酥皮點心稱之，像是可頌、蘋果派，就連蛋糕、餅乾也包含在內，韓國Q彈的年糕，抑或入口即溶的韓菓固然好吃，但維基百科將韓國的年糕、韓菓、藥食（韓國式八寶飯）列為酥皮點心，身為酥皮點心奴隸的我，對於維基的寬大實在無法認同。酥皮點心對我來說是像丹麥甜糕餅、可頌、閃電泡芙、千層酥那樣咬感酥脆的食物，能夠進入如此狹隘定義框架裡的，就只有開城藥菓了。

開城藥菓是一種不使用任何一滴水製作的珍貴菓子，

將胡椒、鹽巴、肉桂粉、麵粉充分混合後篩過一次，加入燒酒、蜂蜜、薑汁，揉成麵糰，以擀麵棍擀過一次對折，再擀過一次再對折，然後再擀過一次，之後將麵皮剪成四方形，放在低溫油鍋裡炸到稍微膨脹後，將油溫提高，再炸到兩面呈金黃色。起鍋後趁熱將藥菓放進以糖漿、蜂蜜、水、薑片調成的沸騰液體裡，煮藥菓的香味非常誘人，蜂蜜水滋滋滲入藥菓裡的聲音真的會讓人受不了誘惑。

▼
▲

除了王龍以外，對我來說酥皮點心也是一種美麗與幸福的象徵，我崇拜酥皮點心，不過我跟王龍不同的是，月餅對他來說雖然遙不可及，但對我卻不是，反而因為垂手可得而感到擔心，如果知道有好吃的製菓店，就算要游過一條河我也在所不惜，有時候我上超市只是為了要買瓶醬油，但也會藉機在酥皮點心的陳列架逗留許久，要是不小心做了酥皮點心的美夢，醒來也會立刻衝到超市買來吃，只要是我弄得到的，就一定會設法吃到。

吃進去時，首先是舌頭接觸的香味，然後是咬下去時發出的酥脆聲，再來是撲鼻的油香，以及吃在嘴裡頂在上顎的脆硬感，味道、香氣、聲音、口感，酥皮點心共讓我陶醉了四次。

我不是小女孩，我是由糖、香料和所有壞東西做成的，身為一位現代女性，我不看《鵝媽媽》，而是收看《飛天小女警》。《飛天小女警》是在一九九八年的卡通頻道首次播放的動畫影集，尤塔尼恩教授試圖以糖、香料以及其他一切美好的東西做成完美的小女孩，但是途中卻意外加入化學物X，這賦予了她們超能力。花花、泡泡、毛毛看上去就只是普通可愛的小女孩，事實上她們力大無窮，還可以在天空飛，跟動物交談。

《飛天小女警》一放映就獲得廣大的人氣，入圍了五屆艾美獎，不過也有不少人批評，因為史上第一部以女孩子為主角的卡通竟然充滿了暴力。除了小女孩以外，就連成年的女性也很愛看，反而惹出爭議，只有男性才喜歡女主角動不動就被綁架，等著別人來救自己的戲碼，但是堅忍、獨立的現代女性是可以直接對付壞蛋的，她們所需要的，其實只是隨處可得，微不足道的鼓勵而已。

酥皮點心是幸福的好朋友，每當熬過寒冷的冬天順利迎接新春時，我總會到糕餅店訂購一盤草莓塔，然後一個人吃光光。酥皮點心也是憂鬱的好朋友，譬如搞砸了準備好久好久的考試的時候，被親人狠罵一頓的時候，還有得知另一半劈腿事實的時候，我總會買酥皮點心來吃，而且一定會買那種甜死人不償命的，就算吃到肚子好像快要撐破了，我還是不肯停下來，然後愣愣地看著鏡中醜陋的女人說：會沒事的，現在儘管吃，吃完就會有力氣了。

化學物X一定是罪惡感，就是當你沉溺於脂肪、糖、麵粉時，一方面又甩不掉的東西，就算化學物X超難吞嚥，我還是會大口大口吃下，因為對一個現代人來說，擁有超能力畢竟比《鵝媽媽》要更踏實。

昨天我吃了酥餅，今天吃了奶油泡芙，明天打算吃果仁蜜餅，罪惡感雖然像水蛭一樣緊黏著我，但我還是照吃不誤，反正我在睡前多做幾個仰臥起坐就好了，酥皮點心是不會背叛我的，而你也是一樣。

## 《鵝媽媽》

作者未詳

嚴格來說，鵝媽媽是一個人，「矮胖子」和「小瑪菲特小姐」等童謠都是出自於她之手，與其說她是歷史性的人物，倒不如說她是一位假想作家。一般說到鵝媽媽，大部分指從古老的西半球流傳下來的童話或童謠，唸出這些詩，或者乾脆唱出童謠時是很享受的，這些文字透過數以萬計的人口耳相傳下來，經過漫長歲月的洗禮，變成人人可以朗朗上口的童謠，但是如果只是用眼睛看，故事會變得不同，雖然可推測字義上所代表的意思，但會覺得像精神病患寫的東西一樣，語意不清。

這大概也是何以古老的童謠依舊能夠魅惑人心的緣故，奇妙的空間反而能夠刺激閱讀的人的想像力，那麼多插畫家喜歡替鵝媽媽和《愛麗絲夢遊仙境》配上插畫也是基於相同的理由。從十九世紀的蘭道夫・凱迪克、亞瑟・洛克漢開始，到最近的瑪麗・恩格爾芙莉特、安東尼・布朗，只要是稍有名氣的作家，都能說他們是鵝媽媽的作者，不過在我心中，凱特・格林威一八八一年的作品才是舉世無雙的。

我們人活著，有時也很需要虛情假意的安慰，因為人本身就是一種懦弱的存在：當我們掉進了某個窟窿，有時候並不會立刻掙扎著想要逃出，反而是選擇接受。真心這種東西，看不見也摸不到，究竟能有什麼用呢，能夠重新給我們努力的勇氣的，有時候不是真心而是一句溫暖的話，因為我們都清楚，真正的安慰是我們自己要去找來的，只是，接受一些小幫助倒也不壞。

# 療癒者的餐桌

THE NÜRNBERG STOVE
V.C. ANDREWS
CHARLES DICKENS
MOTHER GOOSE
STEPHEN KING
Daddy-Long-Legs
NOBODY'S BOY

「奶油放這麼少想煮什麼湯啊？」
他抓起放奶油的碟子，全部倒進鍋子裡，
沒有奶油了，所以也不會有薄煎餅了。
——賀克多．馬洛，《苦兒流浪記》

# 少年的可麗餅，男人的洋蔥濃湯

▼
▲

雷米是一位棄兒，不過他在八歲前還不曉得這件事時，媽媽在雷米放聲哭泣時總會把他攬在懷裡，睡覺前，也會親親他的嘴，當颳起要把窗框吹落的大風時，媽媽總是會撫摸他凍壞了的雙腿，直到變暖和為止，在每年狂歡節的最後一天會烤薄煎餅和炸蘋果餅給他吃。

按照基督教文化，信徒需在四旬節期間禁食四十天並準備為復活節做準備，而四旬節第一天即「大齋首日」的前一晚會舉行最後一次的盛宴，這一天叫做Mardi Gras，意思是「油膩星期二」，即使是最偏僻村落裡最窮的雷米家，在這一天也能在家吃到薄煎餅。

薄煎餅（Hot Cake）原本在韓國稱為哈豆凱克，這個名詞在一九八〇年代傳入韓國，當時並非以原文發音傳入，而是濃厚的日式發音，當時有十之八九的童書都有這個問題，夾雜濃厚日本腔的英語後來經過了一番革命，遂變為字正腔圓的哈特ㄎㄟ可（音譯），薄煎餅要趁熱才好吃，後來有越來越多人將薄煎餅稱為鬆餅（Pancake）。薄煎餅這個名字很好記，因為是放在鍋子裡煎的餅，所以叫做薄煎餅。

苦兒流浪記

▼
▲

最早的烤爐發明於西元前三二〇〇年的印度河流域，但是若要普及到家家戶戶都有一個，那就又是五千年以後的事情了，在那之前都是在平底鍋煎薄煎餅，除了理所當然的歐洲以外，非洲跟亞洲也見得到，例如伊索比亞的因亞勒餅和印度多薩餅，大部分是立刻攪拌煎烤的速發麵包，也有用酵母或天然發酵使其慢慢膨脹後再進行煎烤。

雷米家大齋首日前晚吃的其實是法式薄煎餅可麗餅，因為法國在大齋首日前一晚有煎可麗餅許願的傳統，在右手握一枚金幣，然後以左手翻鍋子，若順利將可麗餅翻面，表示心願可以達成。

可麗餅吃法可簡單可複雜，可以灑上一些糖吃，也可以加入許多豐富的內餡捲起來吃，加入起司、蘆筍、火腿、菠菜、香菇等內餡，就是鹹口味的可麗餅，量之大也可以當正餐吃。或者加一些水果、榛果巧克力醬、楓糖、鮮奶油，就是一道甜口味的點心，在好幾張可麗餅上塗上奶油然後疊起來便成為法式千層薄餅，在可麗餅上放一些糖、力嬌酒，然後用火點燃就成了火焰薄餅；還有一種bodybuilder crepe，將蛋白粉（Protein powder）、蛋白、白乾酪、花生奶油包在可麗餅裡吃，用麵皮將牛排覆蓋起來烤的威靈頓牛排也可以視為是一種可麗餅。以蕎麥粉代替麵粉做成略帶鹹口味的是法式鹹可麗餅，跟韓國濟州島上賣的包蘿蔔絲的捲餅有驚人的相似處。

▼
▲

雖然雷米家的可麗餅沒有包任何餡料，但是他們有貝奈特餅（beignet），貝奈特餅是一種法式炸麵包，可以直接油炸麵糊，也可以放一些水果或果醬下去炸，雷米吃的炸蘋果餅（beignets aux pommes）應該是炸蘋果，做法是將蘋果削皮去籽，切成薄片後裹上麵衣下油鍋炸，起鍋後灑上滿滿的糖粉、肉桂粉，趁熱食用，雷米家大齋首日前的晚餐桌上何以同時出現可麗餅和貝奈特餅，是因為這兩道點心的麵糊是一樣的。今年恐怕兩種都沒了，因為在巴黎當石匠的爸爸傳出意外，為了寄錢給爸爸，媽媽賣掉了母牛。在鄉下，擁有牛隻代表不會挨餓，現在沒了牛，煮湯時也就沒有奶油可加，馬鈴薯也沒有牛奶可以加了，早上只能吃麵包，晚餐則是灑了鹽巴的馬鈴薯。雷米都知道，即使是大齋首日的前一晚，也不會有可麗餅和貝奈特餅可以吃了，一個八歲的小孩，已經知道什麼是死心，讓人意外的是，當雷米回到家時，桌上竟然有牛奶、奶油、雞蛋、蘋果等著他。

媽媽雖然已經厭煩了跟別人低聲下氣，但為了雷米還是硬著頭皮跟鄰居借了食物，所以雷米今年照樣可以吃到可麗餅和貝奈特餅，雷米替蘋果削皮，媽媽用麵粉、雞

蛋、牛奶做成麵糊，在麵糊上蓋了一張布後，移到溫暖的灰燼上，到了晚餐時間，麵糰開始膨脹，表面的地方開始有小泡泡冒出，傳出誘人的香味。

近來的可麗餅皮很薄，有越做越薄的趨勢。其實現在的可麗餅外觀跟一八七八年法國鄉下地方的人所想的不同，為了讓可麗餅的口感更鬆軟，麵糊會經過半天的發酵，想煎出漂亮的可麗餅，熱鍋的功夫也很重要。雷米的媽媽熱完鍋後，丟了一塊奶油進去，傳出滋滋的悅耳聲和撲鼻的香味後，正當要舀一杓麵糊下鍋的瞬間，突然傳來吵鬧聲，門打開了。

看到多年未歸的丈夫回家，妻子沒有立刻跑向前去，而是先關了火，因為可麗餅在一轉眼間就能煎好，稍微一個不留神，就有可能燒焦，如果雷米的爸爸晚個三十分鐘，不，十五分鐘回到家的話，那麼雷米家的盤子上早就堆滿一張張的可麗餅了。「這不是該拿來迎接走了數十哩路的人的食物。」從古自今，喜歡可麗餅的人只有女人跟小孩，男人看到妻子正準備煎可麗餅發了一頓脾氣，「有奶油跟洋蔥嘛，把鍋子裡的可麗餅拿掉，快點給我炒洋蔥。」媽媽只好按照吩咐開始煮濃湯。

在寒冷的冬日拖著疲倦的身體回到家時，沒有任何食物比得上剛煮好的洋蔥濃湯，握著湯匙舀一口濃湯，看著金黃色的起司被拉的細細長長的！這並不是說沒有起司，就沒辦法煮出好吃的濃湯，即使是滿口粗話的男人也知道，炒洋蔥是洋蔥濃湯的起頭也是結尾。

▾
▴

洋蔥濃湯是從羅馬帝國開始就有的傳統美食，而今日我們所見的濃湯則是形成於十八世紀的法國，洋蔥濃湯的味道為什麼這麼濃郁，不是湯底的關係，而是因為洋蔥焦糖化的緣故，焦糖化是指洋蔥裡的糖分融化後變焦的狀態，水分蒸發是焦糖化的核心，製作洋蔥濃湯時，不管是用橄欖油、奶油或培根的油，在洋蔥裡加入適量的油和鹽巴後，蓋上鍋蓋，用文火繼續煮，等鹽巴和熱氣將洋蔥裡的水分帶出，最後倒入干邑白蘭地或雪利酒，記得刮開黏在鍋底的洋蔥，將變成咖啡色、有點黏稠的洋蔥裝在耐熱的碗中，然後倒入牛高湯或者是雞高湯，最後灑上酥脆的麵包塊和滿滿的起司，再放進烤爐裡烤就大功告成了。

除了濃湯以外，西洋有許多料理都是從炒洋蔥開始的，炒洋蔥被重視的程度，已經超越過某種公式，甚至將之稱為一種宗教意識也不為過，所需的時間短則三十分鐘，有時候多達兩個鐘頭左右，雖然是件辛苦的事，可是洋蔥炒越久才有複雜的風味，嫌煩還是得做，不過幸好有人發明幾個小撇步，可以用很厚的三層鍋炒洋蔥，即使久久才攪拌一次洋蔥也不會燒焦，也可以蓋一層鋁箔紙放進烤箱內烤，或者用慢鍋烹煮，為了不讓拄著枴杖從巴黎走回來的丈夫久等，媽媽的做法是稍微將洋蔥炒過後加入白開水繼續煮，雷米一口都沒吃不是因為煮得不好吃，而是他很訝異，生平初見的父親竟然是這麼粗魯，愛發脾氣的人，他覺得很煩，腦袋瓜變得很混亂、不過他推掉媽媽盛給他的濃湯是一種大失誤，因為洋蔥濃湯是雷米在家吃的最後一餐了。

第二天，養父把養子賣給了流浪藝人，小男孩跟著陌生人離開了故鄉，流浪的生活並非只有糟糕兩個字，雷米很愛維泰利斯爺爺、狗兒和猴子，他們也愛雷米，雖然餐餐幾乎以冷掉的麵包和起司果腹，不過若運氣好有可能被邀請去作客，直到雷米嚐到媽媽為他準備的家常便飯之前，他還得經歷過好多的事情，不知不覺中，雷米也已經長到喜歡洋蔥濃湯勝過於可麗餅的年紀。

## 《苦兒流浪記》

賀克多・馬洛

一位自小在養父母的虐待之中長大的孤兒，後來顛沛流離流落他鄉，嘗盡了人間冷暖，最後終於遇到自己的親生父母，而變成了百萬富翁。我喜歡「兒童悲劇」這類小說，因為書裡總是很詳細描述主角是如何的挨餓，又如何地突如其來獲得一頓美食。

很多人也喜歡看兒童悲劇小說，而理由不見得跟我一樣，《苦兒流浪記》是賀克多・馬洛的成名作，他在十五年後，也就是一八九三年寫了一部以孤兒少女佩玲為主角的《孤女努力記》，小時候覺得這兩本書很好看，但是隔了一段時間才知道兩本書的作者是同一人，當時還滿訝異的，當我知道日本卡通《無家可歸的孩子蕾米》的存在時，又讓我再次覺得驚訝，是富士電視台在一九九六年到一九九七年播映的卡通，劇情跟《苦兒流浪記》如出一轍，只是把雷米改成女孩子蕾米而已！在最後一回的時候，映象中蕾米答應要和馬蒂亞結婚，對於這部卡通，以後若有機會我可能會想看，但是也可能一點也不想看。

父親來的時候，約瑟芬正轉著手裡的小杯子，
神情看起來有些孤單、傷心，
「我以為您不會來了，我等好久了。」
……父親看著餐桌上剩下的食物和菜單嚇了一大跳，
每一盤菜，炸魚、牛肝、鵝肉幾乎都剩一半，
「這些都是要留給爸爸的。」約瑟芬細細的向父親說明，
「我還沒吃冰淇淋，我想要跟爸爸一塊兒吃。」

——瑪麗亞．格里伯，《看不見的訪客》

# 只有風才知道的答案

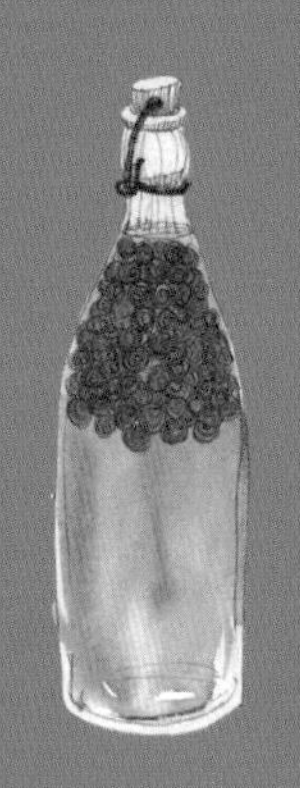

▼
▲

「安娜葛拉！」約瑟芬一動也不動，感覺好像有一顆岩石掉在胸口上，不，應該是說約瑟芬變成了岩石，她討厭那個名字，「葛拉」在瑞典語裡是指灰色的意思，在有爸爸、媽媽、管家蔓蒂，以及教區長的小小世界裡，她一直是約瑟芬，可是在學校裡，大家都是以本名相稱，所以她在那個地方是灰色安娜。

約瑟芬不認識其他的小朋友，可是其他小朋友都認識她，因為安娜葛拉的父親是高個子的瘋牧師，母親老得像一隻猴子又非常傲慢，這些事實甚至其他班的孩子都知道，約瑟芬隔壁的位子沒有人坐，她用男生的書包，穿的毛衣的領子太長，戴的帽子也不能遮陽。

雨果的出現是在學期開學後幾個月的事情了，他不是討厭念書，也來過學校好幾次，但是每次都因為太晚到，學校老早就關門了，因為他總是先到森林裡找要雕刻的木頭、可以當零食吃的酢醬草或者是松膏再出發到學校，而且他總是邊走邊雕刻，所以才會搞到那麼晚。

雨果沒有媽媽，跟著烤木炭的爸爸一起住在森林裡，不過他爸爸就快要進監獄了，他不會因為家裡的情況心裡因此受創，因為那只是意外，有可能發生在任何人身上。雨果戴著只有大人才會戴的帽子，穿著又寬又長的大褲子，雨天時穿的雨衣簡直像一頂帳棚，這些完全不會對他造成任何影響，也不會有人用這些當藉口找他麻煩，雨果坐在約瑟芬旁邊，他送了一尊自己雕的小矮人給她，從那一刻起，約瑟芬的世界起了變化。

▾▴

一九六〇、七〇年代是瑞典兒童文學的參與期，因為有許多實際上存在，卻沒有人願意承認的問題一下子全爆發出來。主角的雙親不是離婚就是酗酒，不然就是罪犯，除了遭到同學排擠，老師也置之不理，鄰居們不是毫不掩飾的輕視，就是施予廉價的同情，最後的下場是男孩不是去商店偷竊就是女孩要墮胎，好像互相在比賽，看誰可以讓孩子的下場更悲慘、更讓人憤怒。

瑪麗亞・格里伯的《雨果和約瑟芬》也是同時期的書，她知道社會可以冷漠到什麼地步，孩子們的日常生活無法時時刻刻都很幸福；當然她也清楚，孩子們也不可能總是一直處於不幸，社會參與兒童文學的熱度並沒有持續很久，圖書館裡一直都有這類的書，但很少人會去借，不過瑪麗亞・格里伯的書倒是熱門如昔，她的書可以幫助我們正視現實，一方面又不會放過幸福的一瞬間。

▼
▲

好不容易等到和爸爸約好要一起吃館子的這一天，獨自前往飯店的小女孩遇到童話裡的白馬王子，戴著領結的王子將菜單送過來，約瑟芬從第一道開始點，麵包、果醬、奶油，把這些東西全吃光光花不到一分鐘的時間，約瑟芬又看了菜單，「à la？這是什麼呢？」服務生說那是用肝臟做成的料理，我跟著約瑟芬一起點頭：「原來如此，原來à la是肝臟啊。」我喜歡收集食譜，偶爾也會照著食譜做菜，不過我最喜歡的還是邊吃飯邊看食譜了，再度看到à la，是在我的第七十三本藏書《世界家庭料理》裡，書裡提到一個單字「當季水果」，相當於英語的fashionable fruits，法語的fruit à la mode，並不是指肝臟，而是多種類的水果，直譯的話是流行水果，其實就是指當季水果，而且à la不是一個單字而是兩個單字，若用在料理上，表示「風味」的意思，所以foie de veau à la Venetian就是指威尼斯風味小牛肝料理，Foie de Veau à la Lyonnaise則是里昂風味肝料理，無法得知究竟約瑟芬的肝臟料理是哪裡的「à la」，或者「à la」根本不是菜名，很有可能是指放在菜單最上頭的「極品料理」，即à la carte，這麼說來，「肝臟」有可能是指鵝肝醬了。

與魚子醬、松露合稱世界三大美食的鵝肝醬，法語是指脂肪肝的意思，雖然味美，但是熱量跟價格高得嚇人，對此比較讓我有意見的是鵝肝醬的生產方式。家禽類的食道很

雲莓

SWEDISH
CLOUDBERRY
Extra Jam

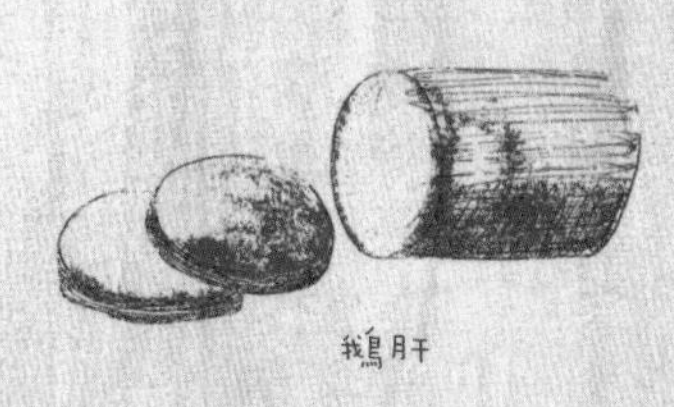

鵝肝

Palme
GOÛT D'EXCENCE
MOUSSE AU FOIE DE CANARD
(20% foie gras de canard)

SWEDISH
LINGONBERRY
PRESERVES
PRODUCT OF SWEDEN

越橘

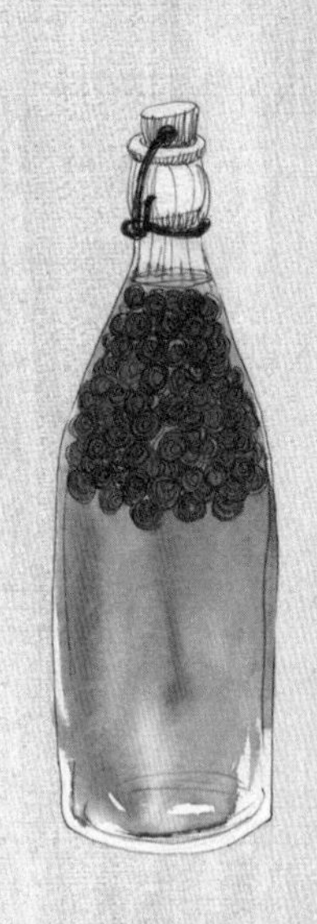

鵝梅

SWEDISH
GOOSEBERRY
PRESERVES
PRODUCT OF SWEDEN

容易被擴大，商人利用這一點，在宰殺的前幾天開始，就在牠的喉嚨裡塞入裝有幫浦的管子，強迫灌食玉米，這個過程稱為gavage，鵝或鴨子經過這個過程後肝臟會腫大十倍，讓動物挨餓是虐待動物，但是強硬灌食何嘗不是，雖然動物保育協會嚴重提出抗議，但是鵝肝醬最大的生產國兼最大的消費國法國——卻是眼睛連眨也不眨一下。

對於鵝肝醬是有多麼殘忍，又價格是多麼的昂貴，約瑟芬沒有知情的道理，什麼也不知道的她，只覺得越吃肚子越餓，約瑟芬再度看了一下菜單，發現果醬炸餅，她心想一定要吃到，可是如果再多點這一道菜，恐怕會點得太多，「我可以跳過這裡到這裡，只點炸餅嗎？」初來餐廳的約瑟芬以為點菜時要按照菜單上陳列的順序逐一點下去。

她堅持要點的炸餅，推測應為瑞典的傳統餅乾，做法是將麵粉、蛋黃、糖、奶油攪拌成麵糰後，在冰箱裡靜置兩個小時，之後將麵糰擀得薄薄的，再剪成條狀下油鍋炸，通常最後會灑糖粉，但也可以抹果醬吃。

瑞典對果醬的喜愛遠超過其他國家，在全世界IKEA賣場的食品區裡，各種果醬一定是放在最好的陳列位子上，除了有大家耳熟能詳的草莓、藍莓果醬，也有像雲莓、鵝莓醬這種我連聽都沒聽過的果醬。瑞典各種果醬中的佼佼者當屬越橘了，越橘即使在零下四十度的氣溫也能夠保持青綠，到了炎熱的夏天反而一副快要枯萎的樣子，越橘在瑞典的森林地帶到處可見，單吃的話很酸，通常是做成果醬或果汁，在糖還很昂貴的時代，瑞典人會用清水把越橘浸泡在瓶子裡，這就是vattlingon，只要把蓋子蓋緊，就算大功告成。瑞典人吃麵包、餅乾、馴鹿排、烤鯖魚、瑞典式血腸黑布丁時，都會搭配酸酸的越橘。

吃完炸餅和越橘的約瑟芬，陸續又點了好多食物，她每樣菜都留了一半，那是要給爸爸吃的，當這些大大小小的盤子快要把桌子給排滿時，父親才姍然出現，其實窮牧師是在飯店旁的餐廳等女兒，不懂事的女兒卻走進飯店裡的高級餐廳，剛開始他驚訝的說不出話來，後來便笑出了聲音，他並沒有吃剩下的食物，他喝了熱騰騰的濃湯，約瑟芬則吃到苦等已久的冰淇淋。

對於這麼夢幻的一天，約瑟芬並沒有讓雨果知道，因為那是雨果無法瞭解的快樂，雨果愛的是森林的神祕與簡簡單單的和平，不是華麗的都市與美食。

不過約瑟芬倒是鉅細靡遺的說給有點虛榮的朋友卡琳聽，她露出足以讓約瑟芬滿足的羨慕，但是也不忘撂下一句：「想擁有好身材可不能吃太多。」這句話對約瑟芬來說簡直是晴天霹靂，「女孩子要注意自己的身材，不然會嫁不掉。」

後來她們一起訂立了減肥規定，一天只能吃三餐，若包含點心則不能超過五餐，還有，一天只能吃九個麵餅，不能吃到十個，一個星期要騎一次腳踏車，不過等約瑟芬和卡琳分手後，她又擅加了一條：「如果還可以去餐廳的話，可以不必全部遵守規定。」

《雨果與約瑟芬》於一九六二年出版，如果書裡的人物是真實的，約瑟芬現在應該接近六十歲了，而雨果應該不在她身邊，因為他是一個自由自在的靈魂，不會一直守在某人的身邊，他會依照風向的轉變而離開，也有可能是因為約瑟芬再也不需要雨果，因為她知道與其無視這個世界的規則，做適當的妥協會活得更輕鬆，而且都已經活了一把年紀了，也知道這樣是最安全的，獨自一人在灰色世界裡的她，是約瑟芬還是安娜呢？

## 《雨果和約瑟芬》

瑪麗亞・格里伯

在韓國沒聽過瑪麗亞・格里伯這個名字的人很多，她曾經榮獲兒童文學界最有權威的國際安徒生兒童文學獎，是一位舉世知名的作家。瑞典在一九六七年將《雨果與約瑟芬》搬上大螢幕，票房雖然不理想，不過紐約時報將這部電影評為外表很單純，卻是能夠讓世人見識到人性真善美的傑作，時至今日仍不失為是讓少數電影迷之間口耳相傳的佳作。電影的劇情大致上跟小說一樣，只有一些小細節不同，還是可以看到原著想要表達對大自然、孩子們純真的敬畏。

《雨果和約瑟芬》總共有三集，第一集《約瑟芬》於一九六一年，第二集《雨果與約瑟芬》於一九六二年，第三集《雨果》於一九六六年在瑞典出版。我小時候只有看過第二集，但現在已經絕版了，那是一本很漂亮的書，書裡面有滿滿的電影劇照，後來又重新以《看不見的訪客》的書名再版，不過這個版本把所有的照片都拿掉了，第一集的《約瑟芬》和第三集的《雨果》並沒有翻成韓文，甚至連英文版都是絕版的狀態，而《看不見的訪客》雖然也已經絕版，但還是可以在圖書館找到。

晚餐是撕成小塊的黑麵包和洋蔥絲的濃湯，
有些浮在表面，有些則沉在底邊，
十支湯匙將一大碗的濃湯一掃而盡。

——奧維達，《紐倫堡火爐王》

# 濃湯的兩種面貌

▼
▲

那個地方整個被山包圍起來，冬天非常冷，積雪幾乎不會融化，高貴的騎士和領主們曾經為了守護這裡而舉兵相向，現在全在老教堂的墓地安息了，而他們的堅忍與威嚴仍一如往昔。

在最古老的一條路上一棟最老舊的房子裡，住了一個叫做修特雷爾拉奈的鰥夫，他一共有十個小孩，其中一半的孩子因為有奧地利血統，所以擁有白晰的皮膚與金色的頭髮。剩下的一半則繼承了義大利血統，擁有咖啡色的皮膚以及栗色的頭髮。

現年十七歲的老大多蘿泰亞有一張親切但悲傷的臉，已經具有大人的風範，父親喝酒、抽菸幾乎將微薄的收入花光殆盡，少女代替父親照顧全家，她打掃家裡，幫孩子們洗澡，每天雖然只煮一餐，還是餵飽了大家的肚子。

用一塊麵包餵飽九個弟妹的訣竅是濃湯，雖然鍋子一天只會出現在餐桌上一次，孩子們都覺得很幸福，十支湯匙圍在剛下火的鍋子邊不停地進進出出，說時遲那時快，不一會兒工夫就已經吃到見鍋底，這時大家才紛紛放下湯匙發出滿足的讚嘆聲，並擦掉額頭上豆大的汗珠。

因為不斷積欠肉店、麵包店錢而負債累累，所以洋蔥是全部的湯料了，不過多蘿泰亞倒是費了工夫炒洋蔥，炒到洋蔥的甜味釋出，才能用清水煮出這麼好吃的濃湯，麵包並沒有另外裝盤，而是直接丟進濃湯裡，因為放了一天硬梆梆的麵包比較便宜。在奧地利，加了很多黑麥的黑麵包叫做裸麥麵包，不似白麵包那麼鬆軟，卻比較紮實。

九歲男孩奧古斯丁的臉上泛起玫瑰色的紅潤，比起姊姊煮的濃湯，他更在意希勒修普格爾，那座美麗的火爐的最高處，刻有一個金冠，像國王的孔雀也像女王的寶石，是那樣的璀璨耀眼。這火爐是紐倫堡偉大的藝術家兼數學家奧古斯丁・希勒修普格爾一五三二年的作品。這樣的火爐照理說應該照亮公主金線刺繡的皮鞋才對，會出現在這樣一棟簡陋的房子裡只能說一切都是緣分造成。當初爺爺挖這棟房子的地基時，突然發現這個一點裂縫也沒有的火爐，從此，希勒修普格爾便跟著熱呼呼的濃湯，一起帶給孩子們溫暖。

沒有生命的火爐是否之前也曾被這麼喜愛與感謝過呢？無奈被債務所逼的爸爸，決定變賣希勒修普格爾，這個決定讓奧古斯丁陷入了絕望之中，因為對小男孩而言，希勒修普格爾不只是家具，已經是他至親的朋友了，變賣火爐如同從棺材裡脫掉母親的壽衣一樣，如同賣掉老么的金黃色鬈髮。

奧古斯丁決定跟隨希勒修普格爾，他躲在火爐裡，搭上火車、馬車，最後還坐上了船前往連他也不知道的地方。

▼
▲

濃湯到處都有，而且隨時都能吃到。如同海倫・聶爾寧在《簡單的餐桌上》所說的，濃湯是一種慰藉，尤其對窮人更是如此，好吃、熱呼呼，而且馬上就能吃飽。把施捨食物給窮人的場所稱為soup kitchen一點也不奇怪，十八世紀起，施粥場就開始提供倫佛德濃湯（rumford's soup）給餓肚子的人。

這道濃湯鼎鼎有名，發明人是倫佛德伯爵，他的本名是班傑明・湯姆森，一七五三年出生於麻薩諸塞州一個貧窮家庭，湯姆森從小就很聰穎，長大後從事店員工作，後來跟一位富有的女繼承人結婚，因為有妻子撐腰，後來還當上了新罕布夏州的少校。美國獨立革命時他支持王黨派，後來戰敗只得拋棄妻子逃往英國。他曾發表熱力學的論文，試圖以科學家的身分重新立足，後來他又去了巴伐利亞，幫忙重組德國的軍隊並建立救濟院的制度。在慕尼黑建造了英式庭園，有許多耀眼的事蹟，一七九一年時，湯姆森被擁戴為神聖羅馬帝國的倫佛德伯爵。

倫佛德是十九世紀的熱力學革命一位很重要的科學家，他同時也是一位才華洋溢的發明家，倫佛德濃湯跟火爐、咖啡壺一樣，只是他眾多發明中的其中一項，發明這

# THE NÜRNBERG STOVE

soup kitchen

道濃湯主要是希望能以最低廉的費用，提供足夠的熱量與營養給最多的人。烹煮方式非常簡單，在放了很久味道變得酸溜溜的老啤酒裡加入大麥、豆子、馬鈴薯和鹽巴，然後煮成濃稠狀即可。先不管味道怎麼樣，總之非常好消化，加上低脂、高蛋白，擁有許多複合碳水化合物，即使以今日的標準來看，也絕對是營養均衡的食物。

倫佛德濃湯颳起了一陣旋風，中歐軍隊在十九世紀、二十世紀時喝倫佛德濃湯，就連貧民救濟團體也異口同聲讚揚這個濃湯，只有卡爾・馬克斯持相反意見。

在現代，寫食譜的人不外乎是一些廚師、藝人或部落客，而在近代，反而是一些料想不到的人出食譜，例如科學家、哲學家，甚至是社交界的名人，尤其是以社會改革家自居的人留下了不少食譜。他們的目標不為別的，就只是為了教化民眾，對他們來說民眾天生魯莽、懶惰，只要稍微不注意就會逾矩、揮霍，他們甚至擔心勞工們會不會偷吃糖，不想要修補衣服而買二手衣。一些上了年紀的上流階級男人們會寫「成為完美妻子的方法」或是「精打細算買菜的祕訣」這類的書，並非只是因為出於對理想社會的憧憬，若要瞭解他們的內心，就必須先觀察時代。

十九世紀是進步的時代，在科學與產業疾速發達的當下，累積了史無前例的財富，但是極端的貧窮也同時存在，馬克斯為了解釋這個矛盾，在英國博物館的讀書室裡寫了《資本》一書，他指出盈餘價值就是資本家的利潤，也就是從勞工的生產之中扣除支付工資剩餘的部分，若資本家想要越來越多的利潤，會希望能夠支付越來越少的工資，只是這樣的剝削是有底線的，萬一工資少到無法維持生計，那麼勞工就會餓死，到時由誰來負責生產，利潤又從何而來？就資本家的立場來看，只能研究如何以最少的費用維持生計的方法。

馬克斯在《資本》中提到，湯姆森的著作是一本教導世人如何以廉價食品代替勞工正常飲食的食譜，對於他這樣的批評雖然我不置可否，不過若不是窮到要去自殺，日子還是得過下去，何況知道能用更少的錢吃到更營養均衡的一餐其實也不是壞事，更何況倫佛德濃湯的冷漠公式也不會考慮這麼多。

活著並不單單只是為了延續生命，倘若是生活的目的是幸福，就一定需要無法以合理、效率說明的無意義奢侈，假如無法接受這個事實，濃湯就再也安慰不了，湯姆森也曾經是仰賴濃湯的溫熱過活的貧民，當他成為伯爵後，不曉得他是否會記得這段回憶？

▾
▴

濃湯的地位已經大不如前，因為大部分的人口已經脫離跟貧窮奮戰的時代。現在的濃湯因為鹽分含量高易引起高血壓、心臟病、腎臟病、肥胖而受到矚目，雖然如此，我們仍無法戒掉濃湯，因為我們無法放棄它的熱度，至少很難想像韓國人的餐桌上是沒有湯的。

奧古斯丁家也是一樣，希勒修普格爾的新主人不是別人正是國王，他很有耐性的聽完奧古斯丁雜亂無序的解釋，他讓小男孩留在宮廷中當見習畫家，另一方面也送了另外的火爐去他家，現在雖然他可以吃很多肉類、麵包，但是多蘿泰亞還是得繼續煮濃湯，因為熱呼呼的濃湯所帶來的安慰依然珍貴。

## 《紐倫堡火爐王》

奧維達

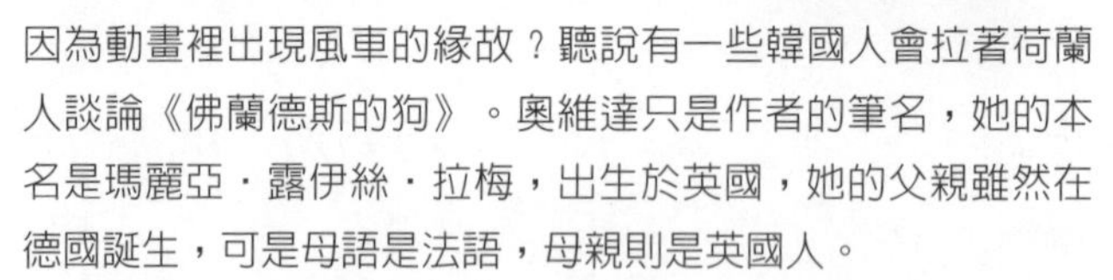

看過這本書的人應該不多，不過這位作家的其他作品《佛蘭德斯的狗》在韓國可就無人不知無人不曉了，不知道是不是因為動畫裡出現風車的緣故？聽說有一些韓國人會拉著荷蘭人談論《佛蘭德斯的狗》。奧維達只是作者的筆名，她的本名是瑪麗亞・露伊絲・拉梅，出生於英國，她的父親雖然在德國誕生，可是母語是法語，母親則是英國人。

奧維達是十九世紀最成功的小說家之一，她不僅僅是一位作家，她還經營了一家沙龍，王爾德、羅勃特・白朗寧、威爾基・柯林斯等人經常光顧。她也是當代最有名的愛狗人士，據說她最多養過三十條狗，這也是為什麼她描述帕奇與尼洛之間的愛與信任可以如此深切。奧維達喜歡在紫色花朵環繞的床上寫書，她認為自己是一位很認真的藝術家，不過她在今日文學史上的地位並不是那麼的舉足輕重，但怎麼說《佛蘭德斯的狗》裡頭的最後一個場面永遠都使我們熱淚盈眶。

越是沒錢的人，就越少吃健康食物，
百萬富翁雖然可以喝柳橙汁、吃黑麥麵餅當早餐，
但失業的人卻不能，
……沒飯吃、疲憊、厭煩、悲慘的時候，
並不會想吃味道平淡無奇的健康食物，
處在失業無止境的愁雲慘霧之中時，
更需要有英國鴉片之稱的紅茶。

——喬治・歐威爾，《通往威根碼頭之路》

# 社會主義者的紅茶

▼
▲

你知道嗎？紅茶和綠茶是以相同的茶葉製成的，而且茶不是一種草而是樹，茶樹是一種多年生植物，如果它高興可以活五百年以上，要是放任它不管，就會長到十六公尺高，我們知道的及腰茶樹是為了採收方便而改良的，到了採茶的季節，便將葉子從茶樹上摘下來，摘下來的步驟，便是決定茶色的關鍵了。

茶葉在被摘下來的瞬間，葉綠素會遭到破壞，開始進行酵素性酸化（enzymatic oxidation），雖然跟牛奶、泡菜的細菌發酵不同，但是我們還是將此稱之為發酵。綠茶是發酵茶，若用蒸菁，或放在鍋子裡炒菁可以阻止茶葉繼續酸化，這個階段的茶可以做成龍井或碧螺春；紅茶是讓摘下來的茶葉靜置到稍微枯萎以後，再用手大力揉捻的完全發酵茶；烏龍茶這樣的清茶是搖晃茶葉使其破壞部分葉緣細胞而發酵，然後再經過最後炒菁，是為後發酵茶；白豪銀針這樣的白茶，屬於弱發酵茶；君山銀針這樣的黃茶則是弱後發酵茶，而黑茶普洱茶是讓茶葉枯萎後，經過揉捻再以微生物進行第二次發酵的後發酵茶，發酵度為一百%。東方的紅茶在西洋稱為black tea，而東方的黑茶是普洱茶，在西方若說red tea是指南非博士茶。

茶在全世界的普遍程度僅次於白開水，最早喝綠茶的是中國人，茶在十六世紀時傳到歐洲，但是歐洲的水跟中國的水不同，歐洲的水是硬水，礦物含量比較多，這會使綠茶的鞣質無法完全釋放，茶特有的味道與香氣便會不足了。到了十七世紀，福建省一帶出現了半發酵的烏龍茶，桐木村產出完全發酵紅茶正山小種，發酵茶的鞣質含量高，泡在中國的軟水中會釋放出苦味，但是在歐洲反而味道比較淡，一七三〇年代以後，紅茶的進口數量便壓倒綠茶的進口數量了。

紅茶正式傳入英國是一六六二年查理二世與葡萄牙的公主凱瑟琳結婚之後的事情，剛開始紅茶是非常珍貴的飲品，譬如受到邀請或在咖啡屋可以喝得到，到了十八世紀初期，進口量開始暴增，到了十九世紀，因為跟印度合併的契機，所以價格穩定了下來，紅茶成為名副其實的國民飲品。

▾▴

喬治・歐威爾是二十世紀初英國文化最銳利的觀察家，是傑出的極權主義批判家，也是很實際的知識者與言論家，他曾親自到街坊巷道體驗最底層的生活。喬治・歐威爾對於每週領三十二先令的失業救濟金過活的家庭，茶

Cream
Sugar
TEA
MINE
English
Tea Time

和糖的消費竟然超過二先令感到非常憤怒，為什麼不吃點更營養的東西？勞工家庭裡的餐桌上通常會出現白麵包、植物奶油、鹹牛肉、加了糖的茶以及馬鈴薯，花在買肉和蔬菜上的錢根本不會超過二先令。

早在喬治・歐威爾之前，也已經有幾位社會改革家斥責過勞動階級花太多錢在進口茶和糖身上。其實遠渡重洋過來的茶葉和糖，就算加上運費和保險費，還是比蔬菜和肉類便宜。花八個便士買來的二盎司的茶可以整整一個星期替冰冷的晚餐添點熱意，糖絕對可以補充不足的熱量，麵包和茶是勞工為了維持性命所能仰賴的最廉價的食品。對於每幾年得面臨一次找不到工作的現實，全麥麵包或橘子這類健康的食物是幫不上忙的，油炸物、冰淇淋以及加了很多糖的茶才是唯一能夠替他們困頓的生活帶來刺激與樂趣。喬治・歐威爾的洞察力至今仍有效，低所得家庭的菜籃裡並不是裝蔬菜跟水果，他們主要是買速食、餅乾，若帶外食則是炸雞肉或比薩，全都是一些便宜、油膩、又鹹又甜又辣的食物。

紅茶的消費並不是造成勞動階級貧困的原因，喬治・歐威爾不應該不知道價值三便士的肉並沒有多少，但是相同的錢可以買到四分之一磅的紅茶，這可以泡四十杯茶，他只是有所感嘆罷了。喬治・歐威爾也不是出於討厭紅茶，相反的，他還寫過一篇關於紅茶最有名的文章，一八六四年一月十二

日，他投稿一篇名為「一杯最香醇的紅茶」的文章到*Evening Standard*，內容為泡出最好喝紅茶的十種黃金原則。

(1) 需使用印度或錫蘭產的茶葉，不使用中國的茶葉。
(2) 不要煮大鍋茶，最好能以陶瓷器或陶製的茶壺煮少量的茶。
(3) 茶壺一定要先燒熱。
(4) 茶味一定要濃，一公升的水大約配六茶匙的茶葉。
(5) 不能使用過濾器或浸煮器。
(6) 在滾水冷掉之前，立刻倒入茶壺內。
(7) 把水倒進茶壺內後，需要進行攪拌或搖晃。
(8) 避免使用又扁又薄的茶杯，最好使用較大、圓筒狀的杯子。
(9) 使用脫脂牛奶。
(10) 先倒紅茶，之後再加牛奶。
(11) 不要加糖。

二〇〇三年六月二十四日是喬治・歐威爾誕生一百週年紀念，英國皇家化學學會RSC發表了沖泡完美紅茶的方法，據RSC所言，喬治・歐威爾的黃金比例有許多漏洞，像是一公升配六茶匙的茶葉未免太濃，一茶匙就很足夠，添加牛奶的順序也是個問題，歐威爾主張後來才加牛奶，此為MIA（Milk in After），他的見解為因為必須調整牛奶的量，所以放到最後才加，但事實上牛奶是要先加的，意即MIF（Milk in First），如果最後才加，牛奶中的乳蛋白質會因為滾燙的紅茶而變質，RSC也同意滾燙的水才是沖泡出香醇紅茶的祕訣，因為發酵茶中大且複雜的苯酚分子的風味，唯有遇到高溫才能釋放出來。

日本領先其他國家將英國的紅茶文化視為是上流階層的高尚文化，不過，在熱量過多的大量消費時代，紅茶依舊屬於勞工文化，所謂「土木工的紅茶」（builder's tea）才是英國紅茶的標準，勞工們在大馬克杯裡的濃茶加入牛奶和兩匙糖，一天可以喝上好幾杯。

第二次世界大戰後英國喝紅茶的風氣逐漸衰退，到了二十一世紀有更加減弱的趨勢，要是勞工階級的人從此不再喝紅茶，不曉得歐威爾會有什麼話要說？對於喝可口可樂比喝紅茶的人多的感想是？對於帝國主義的紅茶生產與交易他是絕口不提的，歐威爾曾經在殖民地當過警察，他不會不知道實情，或許是因為他太過於熱愛紅茶了，就好像即使他很清楚勞工的臉總不是那麼美麗，卻還是無法放棄對他們的信任，就算瞭解紅茶醜陋的真相，也沒辦法不喝，他身為知識份子，佔有上流階層的一席之地，卻因為薄弱的自我意識而痛苦萬分，最後他前往西班牙參加內戰。

十八世紀的小說家亨利・菲爾丁曾說過，讓紅茶味道甘甜的調味料是愛與醜聞，一九八〇年代的POP star喬治男孩也曾表示，比較希望帶紅茶上床而不是愛人。一個叫路普・貝爾倫丁的平凡英國人雖然沒有上述那些名人的聰明才智，不過倒是提出了一個非常有洞察力的說法，他說最好喝的茶就是別人煮的茶，雖然我對紅茶的情懷已經稍微減退，不過我贊成他的意見。每天都會煮紅茶，我總是很認真的熱茶壺、熱馬克杯，然後非常專注的等開水沸騰，也怕開水冷掉，總是飛快地倒入開水，然後不計成本地加很多牛奶，等茶的味道開始釋放時，牛奶也越來越濃，一開始我並不曉得什麼時候該停手，但是我現在知道了。當溫熱，但是不會太燙的奶茶逐漸在我體內蔓延開來時，我得到了延續日常生活的小小勇氣，雖然我不加糖，但那也絕對是一杯勞動者的紅茶。

## 《通往威根碼頭之路》

喬治・歐威爾

一九三六年歐威爾接受先進圖書團體Left Book Club之託，寫一本關於英格蘭北部勞工們現實生活的書，歐威爾花了兩個月便完成了。書本的第一部對礦工的生活有細膩的描述，獲得評論家與讀者兩方很高的評價。第二部有了一些問題，因為他把社會主義放在不是勞工也不是支配階級的曖昧位置，並加以赤裸裸、毫不保留的批評，此舉引發出許多人，包含Left Book Club編輯委員們的不平。歐威爾出身於上流階層的最底層，家裡努力以勞工階級的所得保住紳士階級的體面，他同時見到無產階級的粗鄙與資產階級的偽善，他的頭輕蔑資產階級，身體嫌惡無產階級，他對於同時受到兩方的責備覺得心甘情願，也不覺得有什麼好矛盾的，更不會看時機見風轉舵，他選擇了看到什麼就說什麼。歐威爾說過，自己最想做的事情就是把政治文章塑造成一種藝術。我很嫉妒他，因為人在一生中能夠實現自己最想做的事情的人實在是少之又少。

越微小的情感反而越需要勇氣，面臨九死一生的危機時，任誰都會自然而然提起勇氣，倘若事情陷入膠著，那情況又會不一樣了，當我感到孤獨想要逃走時，總有一些書能夠適時在背後推我一把。

# 生存者的餐桌

THE NÜRNBERG STOVE
V.C. ANDREWS
CHARLES DICKENS
MOTHER GOOSE
STEPHEN KING
Daddy-Long-Legs
NOBODY'S BOY

我削了幾枝棍子，做出丹尼口中的「拓荒者的雞腿」，
只要把牛肉餅插在樹枝上就完成了，
我沒辦法等到熟透，
我把牛肉餅夾在麵包中間，然後抽出插著肉餅的滾燙棍子，
漢堡的外表烤焦了，但裡面還是生的，不過味道卻美極了，
我們狼吞虎嚥的吃完，用手臂擦掉嘴角的油漬。

——史蒂芬·金，《站在我這邊》

# 他們的未來像漢堡

▼
▲

有一個地方是全世界最不適合人居住。保安官代理法蘭克・都鐸原來是一個連續殺人魔，年輕的媽媽多娜與咬死兩個人的瘋狗庫丘對恃了三天，雖然最後用球棒把狗打死，但是兒子仍回天乏術，惡魔甘特為了收買人類的靈魂在這個地方開了店，這裡也是蕭山克監獄的瑞德因為殺害妻子的罪嫌入獄之前住過的地方。

這地方就是緬因州城堡岩，是一個在史蒂芬・金小說裡出現將近三十次，人口只有一千五百名的小鎮。居民全是鎮上土生土長的人，有人跟高中同學結婚生子，一直到死都沒有離開故鄉。金的恐怖與其說是幻想不如說是現實，小鎮裡謀生不易的生活是貫通他小說的題材，他不斷述說居民的偏見與固執，總以為這個小鎮就是整個世界，強調逼別人過跟自己一樣的生活也是一種暴力。

泰迪、樊恩、哥狄、克里斯四名少年無法得到別人的關愛，他們的父母把自己的孩子簡直當成狗看待，不是要他們「滾出去」，就是棄之不理。男孩們聽到有關屍體的傳說後當下決定要去尋找屍體，他們不是因為生活太無聊想找樂子，是因為這幾個十二歲的男孩知道即使長大成人到二十二歲，他們的生活也會跟現在一模一樣沒什麼特別，想起來就令人打冷顫，他們其實就是屍體。當他們去摘藍莓時，就即將成為發現屍體的人了。

四個孩子沒有道理攜帶健康的糧食上路，他們認真準備的食物聽起來像一則笑話，他們在秤重的食品店裡買了牛肉餅和麵包，忘掉生菜和番茄吧，也不需要番茄醬或美奶滋，只要有麵包跟肉就很足夠了。

▾▴

最早用碎肉做成牛排帶到美國的是德國移民，誰也料想不到漢堡會變成美國人的情人。起初大眾本能地嫌惡這種陌生的食物，當時的漢堡肉，是用賣剩的肉，而且還有內臟跟其他雜肉一起攪成肉醬做成的，是極度貧窮的人吃的食物。一九〇六年出刊的厄普頓・辛克萊最暢銷的書《屠場》曾經擴大這樣的意識。這本小說的內容為主角到芝加哥肉類加工廠假工作真臥底七個星期，揭發在毫無人性的工作條件底下工作的勞工們的實際生活，可是輿論反倒對他們悲慘的生活漠不關心，而是把焦點放在肉類產業不衛生的環境，這本書成為美國食品藥品監督管理局的母體化學局的設立、食品藥品衛生法、制訂肉類檢疫法的催化劑。

一直到一九一六年，渥特・安德森發明漢堡麵包以前，漢堡只是一種用麵包夾著起司煮的牛肉片或牛肉餅的食

巨無霸
青少年麥克堡
怪物麥克堡
小漢堡
Hamburger

物，安德森一九二一年和比利・英格蘭一起開設白城堡餐廳，他們為了消除大眾對碎肉的質疑，展開一連串獨特的行銷手法。首先他們將餐廳的外觀全漆成白色，櫃台與餐廳裡的設備一律使用不銹鋼材質，在客人眼睛所及之處持續絞新肉，還委託醫學院研究漢堡的營養價值。

白城堡除了漢堡以外，也是速食食物炸薯條的起源，他們在廚房打造了生產線，讓每位消費者可以吃到相同的食物，不會因為廚師的不同造成口味的差異，也就是把福特汽車在業界施行的那一套放在速食業界，還打造了速食餐廳的基礎設施。除了在總公司直接生產麵包和肉以外，還開發製造員工使用的紙帽子機器，就連賣場裡的金屬物品、磁磚，也都自家生產，在白城堡大獲成功之後，類似的漢堡加盟店陸陸續續出現，起初還只是地區性的業者，後來發展為像麥當勞、漢堡王等全國性的加盟店。

目前全世界都是麥當勞的版圖，三萬個由三個漢堡麵包、兩片牛肉餅組成的大麥克漢堡在全球都吃得到，不過各國漢堡的大小與熱量倒是有些不同。美國賣的大麥克重

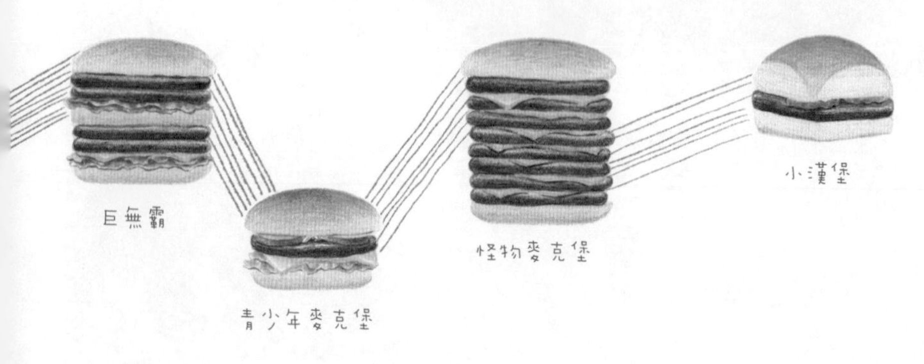

二一四公克有五四〇卡路里，在澳洲則是重二〇一公克有四八〇卡路里，在韓國重二一九公克有五三五卡路里，在中國、愛爾蘭、韓國等地有賣四張牛肉餅組成的四層巨無霸或雙層麥可堡的漢堡，德國曾經賣過八張牛肉餅的怪物麥克堡，當然也有小型的麥克堡，像是son of mac、迷你麥克堡、寶貝麥克堡，不過後來便停止供應了，只有在美國部分的分店有販賣青少年麥克堡（Mac Junior）。

一九八六年英國經濟刊物《經濟學人》建議用「大麥克堡指數」當各國貨幣實質消費能力的基準，將各國的大麥克堡價格換算成美金，來比較各國之間的物價水準以及貨幣價值，並權衡匯率的合理指數。假如美國的大麥克需要二塊美金，而韓國需要三千韓幣時，那麼合理的匯率應為3000/2=1500，一美金匯韓幣應可得1500元才對，倘若市場上的匯率比這個數字高，那麼就代表韓幣貶值，若比較低則代表升值。

在跨國企業的威勢底下，依然存在地域性的漢堡，譬如德州漢堡只使用蛋黃醬，不加蔬菜、墨西哥辣椒，甚至也不加起司，威斯康辛州有在漢堡麵包與牛肉餅之間加上奶油的奶油堡，夏威夷有使用鳳梨以及照燒醬，日本有夾豬排的豬排堡，韓國則以烤肉堡和泡菜堡最受歡迎，另一方面，印度有夾雞肉的麥克雞堡，法國有使用全麥漢堡麵包的大麥克堡。

一九二九年，美國餐廳協會公布美國人最喜歡的食物是漢堡與蘋果派，不過漢堡正式成為象徵美國食物的，是在戰後誕生的嬰兒潮時代，他們是第一個擺脫民族口味的世代，跟第一代移民截然不同的是他們並沒有刻意要維持祖國的飲食文化，雖然哥狄也屬於嬰兒潮時代，不過當時城堡岩還沒有麥當勞，他們吃的漢堡其實跟五十年前辛克萊揭發的食物並無不同。

▾
▴

男孩們最後發現了屍體，還跟前來觀賞屍體的鎮上小混混艾斯槓上，就在一觸即發的瞬間，克里斯的爸爸偷偷拿出手槍發射，他們獲得並不持久的勝利。

克里斯在走回城堡岩的路上說道：「我想我無法脫離這個地方。」哥狄否定這樣的想法，克里斯仍然繼續說著：「雖然我會努力，但我不曉得做不做得到，難道你不知道朋友會把我拉下來嗎？」他指的是樊恩和泰迪，「就像不會游泳的人會緊緊抓住會游泳的人的腿一樣，到最後大家都會溺死。」

雖然孩子們有整整兩天不見人影，但是他們的父母一點也不以為意，以為他們大概是到哪個朋友家玩，甚至也沒有確認。四個人後來被艾斯一夥人差點活活揍死，但是誰也沒有舉發他們，那是因為那些孩子們知道那個社會的規則，就好比不管吃到焦掉還是沒熟的漢堡，他們不會有任何抱怨一樣。

叢林變了，紐約肉品市場區曾經有二百五十個屠宰場與加工工廠，但是一九九〇年代以後開始有高級時裝店、名餐廳、夜店等進駐，除了成為同性戀次文化的重心地以外，也是對流行敏感的高所得年輕階層喜好的地方，二〇〇四年的 *New York magazine* 就曾經指出，肉品市場區現在已經是紐約最時尚的區域。

城堡岩並沒有改變，而四個小孩慢慢跟彼此疏遠，樊恩在六年後去世，五年後泰迪也因事故身亡，或許城堡岩並不適合他們居住，克里斯雖然後來上了大學，卻因為挺身阻止別人打架反而被刀子刺到脖子，犯人剛從蕭山克感化所出獄才不過一個星期。幾年後哥狄偶然遇到了艾斯，曾經的意氣風發已經變成發福的中年人，他只是一個吸毒的小混混，後來在惡魔開的店裡工作，最後也死了，活下來的人只有離開城堡岩的哥狄。

## 《站在我這邊》

史蒂芬・金

這本小說原本的名稱是《屍體》，跟〈歷塔海華絲與蕭山克監獄的救贖〉、〈納粹追兇〉、〈呼吸－呼吸〉一起納入《四季奇譚》。史蒂芬・金是一位書本銷售量達三億五千萬本的作家，〈屍體〉算是非類型小說，不屬於恐怖類與奇幻類，所以寫好時並沒有馬上出版，而是等到後來才跟其他的作品一起結集成冊。

《屍體》絕對是一本好看的小說，由瑞凡・費尼克斯扮演克里斯的電影《站在我這邊》更出名。史蒂芬・金有許多小說都被拍成電影，但是滿多電影跟原著比起來，不管是評價或票房都沒有很出色，不少人覺得《站在我這邊》以及收錄在《四季奇譚》的另一部小說《刺激一九九五》是他們一生之中看過最好看的電影，史蒂芬・本人也最喜歡《站在我這邊》、《刺激一九九五》與《誰在跟我玩遊戲》這三部。

「紮實是最好的，
海綿蛋糕雖然美味，
可是溶化了就消失了，
可是它會一直在肚子裡。」
「是嗎，如果一直留在肚子裡應該不好吧，
不過應該會有飽足感。」

——法蘭西斯・霍森・柏納特，《小公主》

# 飢腸轆轆
# 的公主吃肉派

▼
▲

一輛馬車在倫敦的霧裡穿梭，稀稀落落、成排的路燈照在一位表情嚴肅的女孩身上，女孩長得不漂亮而且身材過瘦，她的皮膚粗糙，被孟買的豔陽曬得非常黝黑，不過她有一頭量多、烏黑的秀髮，帶點綠色的灰色眼睛倒是有些吸引人。

這一位高尚、聰明、單純，十分威嚴的公主，當然非常有錢，由於自小就沒了母親，父親為了補償這一份愧疚盡可能滿足她的需求。小女孩在殖民地一棟極度豪華的別墅裡長大，身邊總是圍繞著許多僕人，雖然在優渥的環境中成長，但是莎拉・克魯並不是一位蠻橫無理的小惡魔。她正值自我意識極強的九歲年紀，待人有禮、凡事三思而後行，只不過英國已經有了一位真正的公主，所以莎拉不是公主，但她不接受這樣的事實。「我常希望自己是公主，從現在起我會假裝自己是一位真正的公主。」

替她戴上皇冠的人不是神仙教母而是女傭蓓琪，蓓琪是一個無法區分幻想與現實的人，對一個地位卑微的下人來說，只有公主才能夠住上這麼大的房間、有這麼多美麗衣裳，而且可以老是吃山珍海味。老百姓的幸福是君主的義務也是權力，莎拉喜歡準備食物給蓓琪吃，在莎拉端出肉派的那一天，總是無精打采的蓓琪眼睛頓時出現了光彩。

▼
▲

肉派的做法是先將洋蔥、肉、香菇，以鹽巴、胡椒鹽調味炒過，把炒過的內餡包進派裡送進烤爐，烤到表面呈金黃色。至於肉的種類，使用牛肉、羊肉、豬肉都好，也可以放一點內臟，在英國，肉派的種類與風味千千百百種，其他國家也不遑多讓，例如愛爾蘭有黑麥啤酒派，南美洲有阿根廷炸餡餅（Empanadas），韓國則有煎餃。

《小公主》的故事背景在維多利亞女王時代，在那個時代，肉派是很受歡迎的食物，肉舖、露天咖啡店、派餅店、小酒館，都買得到肉派，到處可見到許多商人高舉著裝肉派的籃子沿街叫賣的情景，一八八七年是維多利亞女王即位五十週年的紀念日，英國為了大肆慶祝特別製作了三公尺長、重達六百八十公斤的肉派。

海綿蛋糕是甜點，鹹肉派倒是可以當作正餐來吃，肉派的製作過程即使不大衛生，但是價格便宜而且足夠飽餐一頓，這樣的食物對一個飢寒交迫的下女來說究竟有何種意義，公主是無法理解的，因為她從來就沒有過過苦日子，不知道什麼是人間疾苦。

包括學校的社交女王拉維妮亞在內的一些女學生，對

Meat Pie
The king of food

莎拉的公主遊戲抱著嗤之以鼻的態度，低年級的學生因為涉世未深，依然對生活懷抱著美夢，因此給予絕對的支持。校長敏欽將莎拉視為是提高學校威望名聲的花瓶，所以總在其他學生的父母面前有意無意炫耀學校裡有這麼一位學生。但是天有不測風雲，父親突然驟逝而且沒有留下分文財產，莎拉公主的太平盛世也就從此告一段落。校長敏欽、學生，甚至是其他女僕全對莎拉冷眼相對，依舊將莎拉視為公主的只剩下愚蠢的僕人蓓琪，遭到同學排擠的亞門加德和年紀最小的洛蒂。

儘管莎拉身上所有的一切都被剝奪了，她仍然守著艾蜜莉，艾蜜莉娃娃是父親留給她的最後遺產。莎拉餓肚子的時候，發現原來餓肚子的感覺跟書上寫的完全不一樣，她實在無法忍受挨餓受凍，生氣的把艾蜜莉摔在地上，因為它只是一個沒有生命的娃娃，而且莎拉也不是公主。

當莎拉覺得自己「快撐不住」時，突然看到水溝裡有一個會發亮的東西，走近一看，是一枚半插在泥巴裡的四便士錢幣，莎拉連想都不用想就知道這一枚錢幣能夠做什麼。她買了六個麵包，後來莎拉分了一個麵包給在門口發抖的小乞丐，小乞丐狼吞虎嚥的把麵包吃光，後來莎拉又拿了一個麵包放在小乞丐的膝蓋上，後來又陸陸續續給小乞丐麵包，等拿出第五個麵包時，莎拉的手已經在發抖了，她心裡想：「真正的公主……即使流落四方，還是會對百姓施捨。」

如果她是真正的公主，不管多餓也會把所有東西分給別人，邪惡的魔女一定有沒落的一天，王權還是會回到正義的一方。莎拉並沒有交出最後一個麵包，腳上穿著破皮鞋的她知道，如果世界上真的有落難公主，也絕對不會是她。

莎拉以很慢的速度慢慢撕著麵包吃，她刻意嚼很久才吞下去，她現在總算知道為什麼當初蓓琪看到肉派時眼睛會閃閃發亮了，入口即融的海綿蛋糕安慰不了她的飢餓，所以莎拉最盼望的是肉派。

當蓓琪被誣賴偷吃敏欽校長的消夜肉派時，她火冒三丈，連遲鈍的亞門加德都知道莎拉真正氣的人不是蓓琪而是自己，「莎拉，妳肚子餓嗎？」笨蛋總是很會揭穿事實，想不到擊潰莎拉的竟是這個最意想不到的人，「是啊，我已經餓到想把你抓來吃了。」

亞門加德提著家裡送來的籃子走到閣樓，籃子裡裝了蛋糕、果醬蛋塔、柳橙、葡萄酒、無花果、巧克力和肉派，只可惜半途殺出了程咬金，莎拉都還沒咬到一口肉派，校長敏欽就走進來了，亞門加德抱著亂成一團的籃子哭著離開，挨餓的莎拉睡著了。那一晚，住在隔壁的印度籍僕人蘭達斯踩著屋頂走到閣樓，幫助莎拉實現了夢想。

莎拉從溫暖與好心情之中醒過來，她覺得像是一場夢，因為那是現實生活之中絕對碰不到的事情，她把手伸向暖爐時嚇了一跳，「好溫暖，這是真的不是夢」。除了暖爐以外還有厚棉被、衣服、濃湯、土司、三明治，甚至還有馬芬蛋糕，不管蘭達斯的舉止有多像貴族，他只是一個僕人，他能理解住在閣樓的女孩需要的是一頓飽足而不是享受美食，一杯溫熱、香濃的茶比女孩的任何夢想都要美麗。從第二天開始，莎拉的臉上開始變得神采奕奕，臉頰上也出現了紅潤，不管怎麼被欺負、日子有多難過，莎拉和蓓琪也都能甘之如飴。



包著頭巾的神燈精靈所能做的也僅止於此了，除了讓隔壁的女孩填飽肚子以外，若還想給她更多的東西恐怕真的需要魔法了，把不可能變為可能的不是人類而是一隻小動物。從隔壁偷跑來的小猴子替莎拉帶來的合法王位，住在隔壁的紳士原來是父親的好友，他替莎拉找回差點就永遠失去的財產以及一個疼愛自己的人，於是夢想和現實再度重疊。

敏欽校長對著即將離去的莎拉說：「妳應該覺得自己又變成一個公主了。」對此莎拉答道：「我很努力讓自己變成真正的公主，就連最冷、肚子最餓的時候也是。」「現在妳可以不用努力了。」總以最實際的態度面對現實的敏欽校長說出了真理。她知道莎拉並沒有直接和現實硬碰硬，而是以幻想逃避一切，莎拉的自欺欺人幾乎成功了，只有在剛出爐的麵包、馬芬蛋糕、三明治、肉派面前，她沒有辦法繼續幻想自己還是一位公主，她只知道自己肚子餓，其他的一概不願去想。

幾天後，校長敏欽在窗外看到自己最不願意看到的情景，身穿貂皮大衣的莎拉坐上好幾匹駿馬拉的馬車，馬車駛向莎拉用路上撿來的錢幣買麵包的麵包店，重新拾回王位的公主打算為貧窮的孩子成立一處免費救濟所，在那裡迎接她的是先前那個小乞丐，心地善良的麵包店老闆收留了她。「她叫做安，沒有姓。」莎拉再度成為公主，小乞丐也有了名字，而這兩個人今後再也不會餓肚子了。

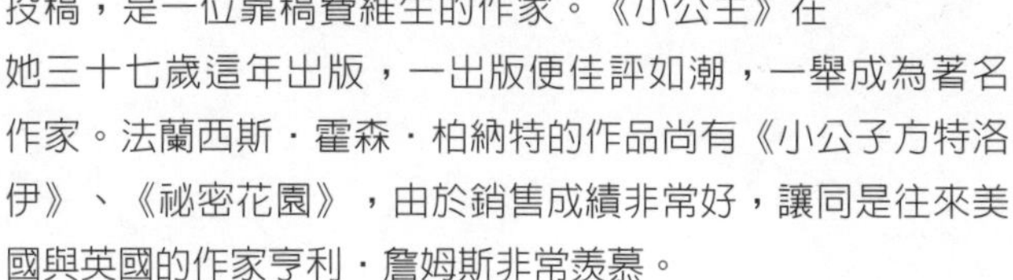

## 《小公主》

法蘭西斯・霍森・柏納特

法蘭西斯・霍森・柏納特是英國人，在她十六歲的時候全家移民到美國。她從十九歲開始向雜誌社投稿，是一位靠稿費維生的作家。《小公主》在她三十七歲這年出版，一出版便佳評如潮，一舉成為著名作家。法蘭西斯・霍森・柏納特的作品尚有《小公子方特洛伊》、《祕密花園》，由於銷售成績非常好，讓同是往來美國與英國的作家亨利・詹姆斯非常羨慕。

倘若沒有同期作家夏綠蒂・勃朗特尚未完成的作品《艾瑪》，恐怕也就沒有《小公主》這本書了，《艾瑪》這部作品描述一位上流社會的少女因為失去財產而被寄宿學校遺棄，不過這本書只有出到第二集，柏納特讀完勃朗特寫的二十頁初稿後，在一八八七年寫了《莎拉・克魯》這本書，這部作品在一九〇二年時被改編為舞台劇《小公主不是精靈》在紐約上映，大受歡迎。到了一九〇五年才出版了日後我們眾所皆知的《小公主》。《小公主》後來又被翻拍成音樂劇、電影、連續劇，我個人最推一九三九年，二十世紀福斯拍的電影，雖然劇情行進節奏緩慢，有點枯燥，不過可以欣賞到秀蘭・鄧波爾穿著華麗衣服載歌載舞的模樣。

分怡拿著扇子餅，手微微的發抖，
他沒有掉眼淚，垂頭喪氣的站在門口好一會兒後，
便逕自地走回家，
「因為扇子餅只有一半，所以他沒有接受！」
芬怡把扇子餅放在口袋裡，用手掌把扇子餅壓碎。
——權正生，《悲傷的木屐》

# 不會受傷的
# 禮物

▼
▲

長屋，顧名思義就是很長的屋子。雖然寬度有點窄，長度最長可達八十公尺，這樣的房子當然不會只住一個人，裡頭住了幾代家庭，每一家都共用牆壁，每一戶都有各自的門，打開門走出去就是院子，大家有自己的廚房，唯有院子裡的廁所和井是共用的。有錢人家沒道理住在這種地方，中產階級的家庭通常住在路邊的獨棟房子，沒錢的人就租長屋住。住在長屋裡的人雖然過著賺一天吃一天的辛苦日子，仍然以小小的希望繼續堅持下去。長屋從江戶時代開始就被當作平民藝術的題材。

把時間拉到二次世界大戰，當時澀谷貧民區本町有一間歷史悠久的長屋，只要空襲警報一響，日本人和韓國人就會擠在長屋躲避空襲，不管是韓國人還是日本人，大家都很窮，裡頭的韓國人因為沒錢只得拋棄故鄉，日本人則因為逃命而躲到此地。

俊怡、容怡和芬怡是韓國小孩，榮子、美律子與和夫是日本小孩，花子是韓籍丈夫與日籍妻子領養的女兒，孩子們小小的肚子通常是餓扁的，他們很早就知道粥裡面的米很少。若是運氣好得到一盒牛奶糖，孩子們不會立刻吃掉而是

舞妓はんのお気に入り
月持
せんべ
社会よし
相手よし
自分よし
人生勉強

先藏在口袋裡，每到傍晚吃飯時間，韓國小孩、日本小孩就會聚在一起玩占卜遊戲，方式是用腳踢木屐，若木屐反過來就是吃粥，若木屐直立著就是吃飯，其實哪裡有什麼飯跟粥，大部分的晚餐都是吃一些馬鈴薯煎餅、豆渣餅和酒糟，不過孩子們仍是對木屐占卜樂此不疲。

芬怡比誰都要會吃，她可以把烤地瓜連皮吃下去，生吃蒟蒻與嚼生米，經營酒館的母親白天的時候把孩子們關在廚房裡，晚上丈夫回來了就吵架到天亮，芬怡和弟弟們晚上常常餓著肚子入睡，睡覺時冷得直發抖。芬怡喜歡俊怡，可是俊怡並不滿意看起來邋遢的芬怡，某次芬怡不害臊的說自己要嫁給他，這一番話惹得村里的婆婆媽媽們哈哈大笑，俊怡甚至氣到打她。

到底該怎麼讓俊怡喜歡自己呢。弟弟因為哭鬧不止，媽媽丟了一個銅錢要芬怡買餅乾回來給弟弟吃，芬怡從這一枚銅錢找到了答案。芬怡一路跑到商店，門上的玻璃乾淨的像不存在一樣，圍著白色圍裙的老闆看到這個邋遢的朝鮮小孩並沒有投以不屑的眼光，很慎重地從小孩的手裡接過銅錢，還不忘行禮道謝。芬怡把買來的扇子餅乾分成兩半，一半給了弟弟，另一半藏在自己的口袋，然後歡天喜地的跑到俊怡家大喊：「這個請你吃，但你要跟我玩。」俊怡聽完後噘著嘴巴走進屋裡，用力的把門關上。

芬怡想來想去就是想不透俊怡為什麼不接受自己的餅乾，她只能安慰自己是因為俊怡不喜歡剩下一半的餅乾，但這可是得來不易的餅乾啊，她怎麼也想不到其實俊怡不接受她的餅乾，只是因為她黑黑的指甲與粗得像菜瓜布的頭髮。

人類從很久以前就喜歡吃甜食，在西元前三五〇〇年建造的金字塔上，可以見到埃及人用蜂蜜和椰棗製作餅乾的圖象。日本最早的餅乾是放在大太陽底下曬乾的米果，中國唐朝的時候因為糖傳進了日本，所以開始有了餅乾文化。隨著十四世紀的茶道文化越來越興盛，餅乾的文化又更邁進了一步。到了十七世紀，日本開始栽種甘蔗，和菓子文化的輪廓逐漸形成，和菓子是江戶時代武士之間最熱門的禮物，當時的人認為依照時令季節準備和菓子招待客人，能夠顯現一個人的教養。

《悲傷的木屐》我一共看了兩次，二〇〇二年的版本裡雖然出現「扇子餅乾」，但是我記得小時候看到的內容卻是仙貝（**煎餅**），仙貝原是用麵粉製成的中國餅乾，江戶時代因為栽種許多稻米，所以開始用米做餅乾，鹽仙貝是以粳稻鹽做成的，最後在成品仙貝灑上鹽巴，至今東京關東一帶用米做成的仙貝比用麵粉做成的仙貝還受歡迎。

然而關西一帶，像京都、大阪等地的仙貝製作方式又有不同，做法是先將麵粉、雞蛋、糖拌成麵糊後，倒進鐵製的模型去烤。現今關西的仙貝大部分是指普通的米菓，京都傳統菓子店裡也買得到用米做成的仙貝。

仙貝的口味眾多，特殊口味的仙貝有海鮮仙貝、蓮藕仙貝、骨頭仙貝，近來除了醬油、鹽味的仙貝以外，還有辣椒、七味粉、芥末、泡菜、咖哩、巧克力、美奶滋、墨西哥辣椒口味等等。一九〇〇年代，因為有許多農場勞工移民至美國，仙貝也跟著傳入了美國，在夏威夷仙貝稱為Kakimoch或mochi crunch，跟爆米花一起吃是最受歡迎的吃法，還有一種混合霰餅、爆米花、香鬆的颶風爆米花，但我一點也不想吃。

關東地區的仙貝製作方法比較簡單，先把飯搗碎，然後擀的薄薄的放進烤箱裡烤到呈金黃色，中途拿出來塗上醬油和醋調成的醬汁，然後再放進烤箱烤到呈深咖啡色，曬乾可用保鮮膜包起來擀，或放進微波爐烤乾。

韓國賣的關西仙貝做法比較複雜，先把麵粉和糖粉篩過一次，把奶油跟雞蛋混合均勻後密封起來，等麵糊發酵的差不多後用湯匙舀一杓子的麵糊以高溫油煎過，起鍋後趁熱放到擀麵棍上，仙貝的形狀便成為捲狀，切成四等分的仙貝就是前面所提到的扇子餅了，形狀有四方形也有圓形，有時會加入海苔，跟法國的瓦片餅倒是挺類似。

▾
▴

武士從歷史上消失了，茶道遠離日本人的日常生活也有一段時日，和菓子何以仍是現在進行式，是因為日本重視禮節的傳統依舊。據說日本人有所謂的土產強迫症，逢年過節當然不在話下，就連平日去別人家裡拜訪都得帶點土產禮物過去。進行小旅行，甚至是出個差回來也必須買一些當地土產回來分贈親朋好友，儼然已經成為社會的一種風氣。若買不到合宜的土產回來送人，得必須做好被別人說閒話的覺悟。餅乾是一種最不會送錯禮的土產，尤其是和菓子，外觀跟味道都非常精緻，不管送誰都非常得宜。

日本人將真心話與場面話區分得很清楚，不管內心怎麼想，外表絕對要徹底遵守一定的規範，而土產正是場面話最佳代言人。收到土產的人究竟真正喜歡什麼樣的禮物並不重要，就跟挑禮物的人的心裡一樣，只要機械式地遵守社會規範行事即可，要是帶有個人的想法反而不安全。

如果只是為了場面送禮，不管你送什麼都不會有損失，即使被對方拒絕也覺得不痛不癢，若是用真心卻換來絕情，那就只有受傷的份，這樣的事實芬怡是不會懂的，因為她把自己最珍貴的心意全掏了出來。如果芬怡送給俊怡的禮物只是一種「社會禮節」，當俊怡把門摔上時，芬怡也不會難過的把餅乾捏碎，頂多只是聳一聳肩，然後自己吃掉餅乾。

餅乾碎掉了。芬怡後來為此後悔，微微捲起的扇子餅乾實在太容易碎掉了，當她一面把卡在衣服上的餅乾屑拍掉的同時，應該會下定決心，再也不要讓別人看到自己的真心，以後絕對不會把自己最珍貴的東西掏出來給別人。

戰爭接近尾聲時，孩子們挨餓的情況越來越嚴重，賣糯米丸子跟甜不辣的小販再也不會出現；糖餡餅店早已關門大吉；餅乾店裡也沒有賣餅乾了。榮子後來患了肺結核，最後吐血死亡。俊怡家烤著從垃圾堆裡撿來已經結冰的地瓜和壞掉的麵包來吃，芬怡家則是出去抓人家棄養的狗回來宰殺，俊怡雖然摀著耳朵不敢聽殺狗聲，但是當芬怡拿著鍋子表面浮著一層黃色油漬的狗肉湯出現時，俊怡仍然吃得津津有味。在飢餓的面前，他已經看不見芬怡又黑又髒的指甲了，人在飢寒交迫的時候，什麼內心話、場面話都已經不是那麼重要了。

## 《悲傷的木屐》

權正生

一九三七年在東京出生，雖然在韓國光復那一年返國，但是卻跟家人走散。九歲的小男孩家人生死不明，他一個人必須自己生活好長一段時間，後來好不容易和家人重逢。母親死亡後，因為體弱多病不想造成家人的負擔而成了流浪漢，父親過世後，權正生曾在教會工作，他從一九六九年開始寫童話，在文壇上逐漸成名後，自己親手蓋了一間五坪大小的房子，跟狗一起過著樸素的生活，後來在二〇〇七年的時候因病過世。

《悲傷的木屐》這本書對於貧窮與戰爭有令人印象深刻的描述。這本書於一九七〇年首次出版，曾經絶版過一陣子，後來在二〇〇二年再版，對此他寫了一行簡短的序，「當我現在再度閱讀這本書時，我覺得雙頰滾燙，但還是希望各位能閱讀在下的拙筆。」他的這段話不是謙虛，而是出於真心，但是我並不這麼認為，小時候我看過許多令人印象深刻的書，這些書當我長大後重新翻閱，有些很乏味，有些則依然有趣，我想這本書是屬於後者。

我們戴著帽子圍著圍裙，
手裡拿著大叉子、湯匙和鍋子，
從空蕩蕩的走廊走進教職員休息室，
有一半的老師打著瞌睡，氣氛整個很安閒，
我們唱著校歌然後請他們喝茶吃點心，
他們帶著不知所以的表情慎重的收下點心，
然後在他們嘴裡還吃著拉糖時，
我們丟下他們走了出來，你看，叔叔，
這就是我的求學過程！

——珍・韋伯斯特，《長腿叔叔》

# 比拉糖還有彈性的潔露沙的過去

▼
▲

約翰格里爾之家的大門前偶爾會有被丟棄的籃子，偶爾籃子裡會附上寫著名字的紙條，但大部分裡頭只有孩子，院長里貝特從電話簿替新進的孩子選姓，名字則由她隨便取，不過這次是她從墓碑上看來的。潔露沙・亞伯特對於送她上大學的恩人，只知道他有三項特徵，那就是很高、很有錢，而且很討厭女孩子。

打從出生就一直待在孤兒院的少女，她不知道的事情不是只有長腿叔叔，潔露沙沒讀過《小婦人》和《蒙娜麗莎》，沒聽過夏洛克・福爾摩沙，不知道亨利八世曾經結過好幾次婚，也不清楚喬治・艾略特是女性，她不敢把自己不知道的一切說出口，不是因為怕丟臉，而是她認為這些事情大家一定都知道。潔露沙決定不讓自己成為異類，所以她開始學其他人的語言，只要天一黑她就會掛出「唸書中」的牌子，她總是穿著浴袍和毛茸茸的拖鞋看《鵝媽媽》、《灰姑娘》、《簡・愛》、《愛麗絲夢遊仙境》和《小婦人》，只要是一般女孩子會看的書，她就一定會看。

《長腿叔叔》於一九一二年出版，那時美國女性的大學升學率只有五%，只有開放、經濟不錯的家庭才會讓女兒念大學，所以潔露沙的同班同學不會只是一般的女孩子，書裡雖然沒有提到潔露沙是念哪一所大學，但是從各個方面仍可以推敲出應為作者的母校瓦薩大學。瓦薩大學成立於一八六一年，規模不大，跟哈佛、普林斯頓、耶魯三所學校同為負責美國早期上流家庭大學教育的名校。而瓦薩大學與拉德克利夫學院、史密斯學院同為美國最早的女子大學，在「七姊妹學校」之中為首。

跟只提供玉米粥的孤兒院餐廳比起來，學校的餐廳實在豪華許多，每個星期可以吃到兩次冰淇淋，運動會時還有炸螃蟹和籃球造型的巧克力冰淇淋。到外面溜達完後要是肚子餓，可以吃個炸雞跟加了很多楓糖的鬆餅。補考的前一天還有熱呼呼的馬芬蛋糕、沙丁魚、乳脂軟糖、黑咖啡可以慰藉心靈，潔露沙在大學大吃特吃而且交了很多朋友，還一次買了六套衣服。

她總是自稱為茱蒂，對潔露沙來說，吃飯只是為了填飽肚子，但是對茱蒂來說是享受也是樂趣，當她已經完全變成茱蒂的某天，她戲稱餐桌上一道歷史悠久的點心像墓碑，最早可以追塑到十三世紀，這道點心真正的名稱是「牛奶凍」（Blancmange），製作牛奶凍時會用杏仁來增加香味，利用吉利丁、澱粉讓牛奶和糖凝固起來，其實就是牛奶布丁，對於早已習慣像冰淇淋這類新式點心的茱蒂來說，對於孤兒院裡的李子布丁和牛奶布丁這類的舊式點心，她當然會覺得像墓碑，過去十八年來的點滴回憶雖然能夠忘記，但是對食物的記憶是怎麼也擺脫不了的。每當學校餐廳裡出現以前吃過的燉牛肉和大黃派，她就會想起孤兒院，「看來我還不習慣離開約翰格里爾之家的生活，因為我會往後看，確認院長有沒有伸出手要抓我的背。」

約翰格里爾之家的生活不是單純只是一場惡夢，只要一到寒假，里貝特院長就會要求潔露沙幫忙孤兒院裡的工作。一旦離開了學校就不能再當回茱蒂，只能再度回到潔露沙的身分，所以她決定放假的時候留在學校，後來她和其他一同留下來的學生一起做拉糖。

要餵飽四百名學生的廚房，絕不可能只有一般大，廚房內掛了一整排銅鍋，每一口鍋子都像大臉盆一樣，二十二名女學生抱持悲壯的心情圍上圍裙，雖然折磨到吃的人，不過動手做拉糖的人倒是很開心。

「拉」糖，顧名思義就是一種在製作過程中要不斷拉扯的糖，將黑糖、糖蜜、醋混合後以大火邊煮邊攪拌，若開始沸騰就把火轉為中火，再加入一塊奶油繼續攪拌，煮到糖漿碰到冷水會凝固的程度就把火關掉，將奶油塗在大盤子跟手上，將煮好的糖漿倒在盤子上，接著用手揉捏，等糖漿冷卻變硬後，撕一小塊下來，用手抓住糖塊的兩端往兩邊開始不斷拉扯，直到糖塊完全變硬。

當糖漿開始以波濤洶湧的聲勢煮開來時，肯定引起二十二位女學生不小的騷動，她們肯定開心的不得了。等她們辛苦的「拉」完糖，廚房、門環上、身上一定到處黏答

長腿
叔叔
BLANCMANGE
MOLASSES PULLED CANDY
PLUM PUDDING

答，沒有靠著牆壁恐怕還站不住。

▼
▲

暑假一到，茱蒂打包了三箱的茶壺和盤子，出發到長腿叔叔介紹的洛克威爾農場，那裡的供餐跟大學一樣並不會太奢侈，都是一些以勞力工作的人會覺得好吃的食物，像是火腿、雞蛋、麵餅、酸黃瓜與派。工人們在廚房吃飯，茱蒂則和主人夫婦一起在餐廳吃飯，茱蒂負責的工作是幫忙牽牛、耙乾草、炸甜甜圈以及做奶油，這些都不是勞動工作，不過是念書念煩的女大學生用來排解無聊的方法。

在十九世紀之前，奶油都是手工製成的，到了一八七〇年代因為引進了遠心分離機，坊間才開始出現製作奶油的工廠。到了二十世紀，美國產的奶油有一半都是出自於食品工廠。話說回來，洛克威爾農場因為不是生計型農場，所以仍然以手工製作奶油，洛克威爾農場是紐約上流階級的班德爾頓家的少爺傑維斯童年生活的地方，也是名校學生茱蒂・艾伯特放假時待的地方。

茱蒂對於人生首次的農場體驗簡直開心得要失了魂，她說：「這個地方簡直是天堂中的天堂，叔叔你和老天爺給了我過頭的幸福。」但是到了第二年故事又變得不一樣了，「他們的世界就是這座山丘，根本沒有什麼是普通的東西，簡直跟約翰格里爾之家一模一樣，在那種地方，我們的思想被鐵窗四面八方包圍起來，當時我年紀太小又太忙所以沒能注意到。」後來她又寫了一封信，信上引用史蒂文生的話：「這個世界太大了，但我們大家都要像國王一樣幸福。」

▼
▲

茱蒂為了成為國王，選擇了上流階層約翰夫人的生活，她畢業時將稿子賣給出版社得到一筆一千美元為數不小的稿費，這是踏出當上名作家的第一步，但是她最後放棄當作家的夢想，決定嫁入班德爾頓。

或許也可以說這是一部描述名字能夠決定命運的故事，因為潔露沙這個名字表示已婚、繼承財產的意思，她一直抗拒的名字其實正代表了她的命運。

小時候我覺得茱蒂的婚姻簡直就是背叛了自己，她毫不猶豫就決定要結婚，而到現在我才明白為什麼，這根本不是選擇問題，因為「鞋油、馬諦蓮、新罩衫的衣料、紫羅蘭霜、卡斯提爾香皂都是必需品，每天都不能沒有這些東西」。茱蒂上大學不只是為了念書，她跟上流階層的女孩穿一樣的衣服，看一樣的戲，吃一樣的冰淇淋，現在的她無法過勞工階級的生活，沒辦法像歐・亨利小說裡的女主角靠著打字、在百貨公司賣手套賺錢繳房租，或是跟請自己到老舊中國餐廳吃炸醬麵的男人約會，想去康尼島玩還得先立下決心。

「如果游泳池裡都是檸檬果凍，那麼游泳的人會浮著還是會沉下去呢？」她再也不會故意向長腿叔叔問這種沒用、意圖勾引的問題，因為她已經是茱蒂・班德爾頓夫人，她的先生就是發禮物給約翰格里爾之家的人，對她來說沒有明確答案的問題是毫無意義的，那些問題只能在牛奶凍的墓碑底下當永遠的壯士。

# 《長腿叔叔》

珍・韋伯斯特

珍・韋伯斯特出生於一個著名的社會運動家的家庭，她的曾祖母曾經參與過禁酒運動，奶奶為了黑人解放與女性參政權不遺餘力，她本人在一生之中積極參與各種社會運動與推行女性參政權。

這樣的作者為什麼會讓小說主角茱蒂放棄當作家的夢想嫁入豪門？而且嫁的對象還是一個喜歡年輕女孩，嘴巴上高喊求進步的百萬富翁傑維斯・班德爾頓？因為在當時女性運動的支持者多半是資本家與知識份子，我知道必須接受當時的社會風氣，所以內心仍覺得小有不甘。

《長腿叔叔》的續集《親愛的敵人》的故事開場，從茱蒂的室友莎莉赴約翰葛里爾之家當院長開始說起，我之所以會看續集主要還是想知道茱蒂後來有沒有成功當上作家。我的期待終究落空，因為茱蒂片刻也沒有脫離過夢幻的富豪生活，在我看來續集依舊充滿了資本主義、社會菁英的思想，甚至還帶點優生學的偏見，不過總歸起來還算是一本好看的書。

我把少許的豬油加熱，
將剩下來的一點點麵粉放進一小碗的水裡攪拌到沒有結塊，
灑上一些鹽巴和胡椒後，把麵糊倒在豬油上，
一面攪拌一面嚐味道，因為味道太淡又加了一點鹽巴，
我一邊感覺弟弟們盯著鍋子沸騰的視線，一邊不停的攪動。
——V.C.安德魯斯，《天國之門》

# 天上的生活
# 沒有油

▾
▴

豬油是用肥肉的部位做成的，做法有兩種，一種是水煮法，將肥肉切丁後丟進水裡，用煮的蒸的都可以，最後濾掉雜質即可。另一種是乾煎法，直接以高溫將肥肉融化。前者做起來雖然麻煩，但是成品比較沒有腥味，色澤較淡而且發煙點高，後者做法簡單但是成品的品質不佳，在外面賣的價格很便宜。古今中外豬油是很受歡迎的食物，在一百年以前，不，五十年以前人們宰豬主要是為了取得豬油，豬油可以用來煎豬肉、炒蔬菜、煮湯，還可以用來烤餅乾、抹在麵包上、拌飯吃，到了開始注重健康的二十世紀，豬油的地位才一落千丈。美麗的十三歲少女海芬・凱斯提爾會那麼厭惡豬油，可就不是因為飽和脂肪的關係了。

▾
▴

海芬住在沒水沒電的深山裡，家裡還有病弱的爺爺、奶奶、沒有責任心的爸爸、對生活生厭的後母，以及五個同父異母的弟妹，她從八歲開始做家事，像是擦玻璃窗跟地板、汲水、洗衣服，烤餅乾以及做肉汁（Gravy）。

肉汁是一種醬汁配料，做法是取煎魚煎肉剩下的油，加入高湯、葡萄酒甚至是咖啡一起炒，煮開了以後加入麵粉煮成濃稠狀。海芬家裡想也知道沒有肉也不會有魚，她用麵粉、開水、豬油煮成肉汁，一天煮兩次，每餐都吃麵餅沾肉汁。

父親路克是一個遊走法律邊緣的人，無法得知他實際的工作內容，他經常不在家，就算偶爾買食物回家也只是待一下下就離開。他袋子裡的食物通常會有麵粉、豆類、蘋果、馬鈴薯、蕪菁、高麗菜以及一罐豬油，那罐豬油應該是商店裡最廉價的商品吧，每當海芬將臭腥腥的豬油塗在麵餅上時，總會想：「倒底哪一天我才能在麵包上塗奶油呢？」

海芬總是餓肚子，卻總是很努力不讓別人看出來，尤其不能讓親切的級任老師和有錢的男朋友察覺。同父異母的妹妹派妮很不認同海芬的做法，她對姊姊說：「妳的自尊心幹嘛這麼強？我要大聲的告訴每個人，我們的肚子很餓！而且我們冷到受不了，過著悲慘至極的生活！」同情這些孩子的老師帶她們上館子吃飯，派妮大方地告訴老師：「請您幫我們點所有您認為最好吃的食物，但是高麗菜、麵餅、肉汁除外。」派妮大概作夢也料想不到這個世界上其實有用高湯煮成的肉汁，而海芬對於第一次見識到的烤牛肉以及冬天裡竟會出現的青綠蔬菜並無表現出太大驚喜，倒是先拿著刀子挖奶油，像作夢一樣說道：「這真的是奶油耶。」

拿著用豬油做成的麵餅抹著豬油吃，配上豬油做成的

Swift's
"Silverleaf" Brand
Pure Lard
Swift & Company
U S A
Lard Biscuits
BUTTER
MARGARINE
eden
MARGARINE
Oh, Butter !
Oh, Margarine !

肉汁，如果連這樣的生活都沒有辦法繼續，那還能怎麼辦？後來海芬的祖父過世，繼母產下畸形兒後就不知去向。平安夜當晚家裡架子上的食物只剩下兩塊麵餅和已經見底的豬油罐頭，即使勉強做出肉汁，也不夠填飽老么的肚子，就在大家束手無策的時候，父親奇蹟式的出現了，孩子們在父親拿回來的袋子裡發現了香腸、蘋果和人造奶油（margarine）。

▼▲

人造奶油的發明是為了代替價格昂貴的奶油。早期的人造奶油是用牛脂做成的，近來會添加一些植物油與牛奶油（milk cream），炸、烤食物的油可以使用橄欖油這類的液態油，但是拿來抹在麵包上吃，或是做蛋糕就必須是固態的油。植物油在室溫底下是液態的，若以氫氣硬化過程處理過，本身的脂肪飽和度被改變，這樣就會成為半固體的人造奶油。做餅乾的麵糊加了人造奶油後，烤出來的餅乾會比加了奶油的麵糊還要酥脆，人造奶油從冰箱拿出來就能馬上使用，而且能夠存放很久，最大的優點是價格低得不像話。

覺得人造奶油跟奶油一樣好吃的人，並不只有凱斯提爾家餓肚子的孩子，奶油製造商極力反對添加一種使人造奶油的顏色看起來跟奶油一模一樣的色素，即使如此，人造奶油的聲勢依然曾經如日中天，因為人造奶油的飽和脂肪少，而且還添加了維他命A、D，被認為是能夠取代奶油的健康

食品，後來隨著反式脂肪的研究，人們對於人造奶油的信任才轉為幻滅。

一個具基本常識的現代人通常是把脂肪當成殺父仇人般看待，但事實上人體若完全不攝取脂肪也無法存活，就怕攝取太多。相對而言，在部分硬化過程中產生的反式脂肪雖然含量小，卻是百害而無一利，反式脂肪會使對血管有害的膽固醇指數飆高，並且降低對人體有益的膽固醇，這是引發心臟病的原因。二〇〇六年紐約市通過禁止餐廳使用反式脂肪的法令，韓國也從二〇〇七年十二月起強制標示加工食品中的反式脂肪含量，包括KFC在內的幾家速食業者，因為陸續被起訴，食品製造業者不得不開發大幅降低反式脂肪含量的人造奶油。

因為豬油並不含反式脂肪，而且不飽和脂肪的含量比飽和脂肪含量高，低密度脂蛋白也比奶油少，這些事實使人造奶油逐漸沒落，而豬油得以重振威望。就算不考慮以上種種因素，做出酥脆口感的酥皮點心或派也只能靠豬油才有辦法做到，對於豬油重新獲得世人肯定的事實，海芬或許會覺得不可思議吧。後來陸續有人發表許多用豬油製作美食的古老食譜，據說波蘭甚至有豬油三明治，吃法是在調味過的肥肉上灑上洋蔥、鹽巴和辛香料，要是海芬看到這道菜臉上不曉得會出現什麼樣的表情。

▼▲

V.C.安德魯斯《天國之門》、《奧德莉娜》、《閣樓裡的小花》作品裡的少女們都是美麗的，她們經歷了被禁止的愛以及殘酷的試煉，直到故事進展到最後一刻迎接偽裝的幸福。隨著養父母前往都市的海芬首次嚐到麥當勞的滋味，即使海芬從此可以每天吃到奶油，但是她並不幸福。養母去世後，海芬到波士頓尋找富有的親生母親，接下來等著她的依舊是一連串殘酷的現實，雖然她還是可以吃到奶油。

## 《天國之門》

V.C.安德魯斯

V.C.安德魯斯十幾歲的時候因為從學校樓梯跌下，使她一輩子都必須仰賴輪椅，她並沒有因此而氣餒，順利完成學業，還成為一位成功的插畫家。安德魯斯在五十二歲的時候才開始提筆寫書，她第一次向出版社投稿時遭到退稿，出版社附上了一張「不夠刺激」的紙條給她，四年後的一九七九年終於順利出書，書名是《閣樓裡的小花》。

V.C.安德魯斯是歌德式恐怖之王，她第一本小說一路長銷，不知道是不是因為過於聽從出版社的建議？後來她因為書裡的亂倫情節遭受到不少非議，但是不管是多麼激烈的反對者，恐怕也無法不認同對於這種劇情的耽溺，「在我看書的時候，如果內心沒有產生疑問就會立刻放下那本書，所以我很努力讓每個人不放下我的書。」安德魯斯因為罹患乳癌死於一九八六年，在那些掛名安德魯斯的書裡，只有十二本是她本人親手寫的，其餘都是家人在她死後，花錢請人捉刀寫的，掛名安德魯斯的小說還是一直在出版，最新的一部作品是時下流行的吸血鬼主題，不過熱賣程度已經大不如前了。

珍妮佛正在唸咒語，
我最愛的希樂利艾茲拉在鍋子上晃來晃去的，
現在我一秒也忍不住了，一邊大喊「住手」，
一邊抓著珍妮佛的腰猛搖，
接著希樂利艾茲拉掉在地上，
然後蹦蹦跳跳地離開了我們。

——E.L柯尼斯柏格，《小巫婆求仙記》

# 熬煮巫婆濃湯
# 的女孩們

▼
▲

成長小說裡的主角都很醜，頭髮亂糟糟，臉上長滿青春痘跟雀斑，不是矮冬瓜就是高的像竹竿，身材不是胖嘟嘟就是瘦巴巴，穿衣服的品味總是很俗氣，毫無運動神經可言，雖然愛看書但是成績很普通。人緣好又漂亮的人是無法成為主角的，她們總是扮演敵人的角色，譬如喜歡欺負主角啦、總是看不起人等等。

伊麗莎白是一個十歲的小女孩，因為她是轉學生所以還沒交到朋友，某天她在上學途中看到一個坐在樹枝上的女孩，那個女孩說：「我是巫婆喔。」珍妮佛的人緣也不好，不過伊麗莎白並不介意，她也不在乎珍妮佛到底是從哪裡冒出來的。珍妮佛什麼都知道，而且不會被任何事情動搖，伊麗莎白跟著珍妮佛在萬聖節要到的糖果比她過去收到的糖果的總數加起來還多。珍妮佛一個人帶著二十公升容量的大鍋子到學校，她頭上戴著紙袋，一派輕鬆的走上樓梯，一月的時候帶西瓜來學校，三月的時候則換成了蟾蜍。

伊麗莎白不得不相信珍妮佛真的是一位巫婆，後來她成為珍妮佛的徒弟，珍妮佛決定幫她做可以幫助她飛到天上的一種油膏，製作飛行油膏所需的材料有指甲、一・五公斤的固體燃料、西瓜籽、光著腳丫踩的腳印子裡取得的雪球、獅子奶粉、洋地黃、毒水芹菜、莨菪以及蟾蜍。收集到所有的材料後，他們來到了空地打算開始製造飛行油膏。珍妮佛逐項把材料放進去，直到最後蟾蜍要被丟進去時，伊麗莎白終於忍不住了，因為牠不是一隻普通的蟾蜍，她甚至幫蟾蜍取了希樂利艾茲拉的名字，是她最心愛的朋友。

珍妮佛不屑地說：「如果妳是現代巫婆，就應該要看《馬克白》，因為書裡巫婆們只會說最可怕的事情。」當她用手去推拿著長長的杓子在鍋子裡攪動的珍妮佛的瞬間，她發現了真相，那就是她們根本不是巫婆，就算收集到指甲和蟾蜍，還是無法做出能夠飛到天上的油膏。

有些巫婆因為不願意正視真相而掛起了大鍋子，她們在巫婆濃湯裡加了番茄、洋蔥、芹菜還有高麗菜，可以多放一些其他蔬菜或香菇，但不能放肉類，最重要的是一定要把湯煮到完全沸騰， 她們得靠這鍋湯活一星期，比起飛到天上去，還有讓巫婆更期盼、而且難度更高的目標，那就是減肥。

她們第一天吃水果，第二天吃蔬菜，第三天吃蔬菜和水果，第四天吃香蕉和低脂牛奶，第五天吃牛肉和番茄，第六天吃牛肉和蔬菜，最後一天吃玄米、水果和蔬菜，而不管喝多少湯都沒關係，據說吃越多體重就越輕，這樣的事情如果不是魔法是做不到的。

在韓國有一種名為「巫婆湯」的食物，事實上是一道高麗菜湯，沒有比高麗菜湯減肥歷史更悠久的減肥方法了，依照美國減肥協會的記載，最早可以追溯到一九五〇年，雖然曾經沉寂一段時間，不過又以其他的名字重現江湖。

也沒有比高麗菜湯的歷史還要輝煌的食物，一些具有公信力的機關曾經提出「軍用高麗菜湯減肥」、「通用汽車減肥」，也有名人站台的「桃莉・巴頓減肥」，高麗菜湯更是美國心臟學會在替患者手術前，幫助患者減重的處方之一，據說環球航空的空姐也是利用它來減肥，但嚴格說來，在這些人之中，並沒有任何一個人直接承認過高麗菜湯跟減肥之間的關係。

「高麗菜可以燃燒脂肪！」這個標語在半世紀以前透過傳真，在二十一世紀時則透過網路流傳開來。高麗菜湯成了被膜拜的對象，是本世紀最厲害的都市怪譚，也是大眾文化的最高表徵，它讓數十萬、數百萬的信徒如此心悅誠服是有理由的，因為只要一個星期，它包你不會挨餓，而且比其他減肥食品讓你更快瘦下來。

高麗菜湯裡的蛋白質和礦物質含量少的可憐，所以在減肥的過程中會頭暈想吐，而且食欲會降低。高麗菜原本是高水分、高纖維質的蔬菜，但是高麗菜湯卻會引起便祕，屁味更是重得嚇人，但是若能減輕體重，就什麼也不是問題了，只要一個星期！就可以減輕五公斤！許多女孩子對喝高麗菜湯減肥的方式趨之若鶩，心裡也知道九五%的人會在一年後發生溜溜球現象。

高麗菜能夠燃燒脂肪的說法並不真確，驚人魔法主要在於減少碳水化合物攝取的緣故。豐富的碳水化合物飲食能夠提高血糖值，胰臟為了讓血糖值降下來會釋放胰島素來幫助吸收糖分，要是過度吸收，糖分就會轉成脂肪儲存起來，相反的，低碳水化合物的飲食能減少胰島素的分泌，儲藏的脂肪也就不會那麼多，二〇〇七年美國醫學會雜誌（JAMA）曾經花了一年的時間追蹤坊間流行的減肥方法，結果顯示最有效的是阿特金斯（Atkins）低碳水化合物減肥法。

▾▴

儘管主流醫學界一直反對低碳水化合物的減肥法，但是仍有一些人慢慢給予肯定，不管別人怎麼說，只要體重可以減下來就可以了，反正一直喝高麗菜湯又不會死，管他明天會變成怎麼樣。女性們只想輕盈的度過今日，所以紛紛掛起鍋子開始攪拌湯杓，我也是其中一位，其實滿滿一鍋六公

WITCH

升的湯比想像中美味，不過卻讓人空虛。

若食欲沒有很明顯，感覺起來比較像是一種抽象的空虛，這不是肉體，而是心裡上的飢餓，我以為自己一整天都會只想吃的東西，結果也沒有，事實上我什麼也沒想，包括食物，於是生活變成了一種工具而不是目的，除了沒法工作以外，也沒有辦法出去玩跟休息，也有可能是身體為了忘記痛苦而起的一種反射作用。

我很容易為一點芝麻小事開心與傷心，情緒起伏很大，莫名奇妙就陷入無止境的罪惡感之中，我總會想，真的可以吃這麼多蔬菜嗎？這樣真的會瘦下來嗎？後來我沒出門也沒運動，一直窩在家裡搜尋湯裡蔬菜的卡路里含量。

結果，就在減肥結束的前半天，我的憂鬱症到達了巔峰，於是我決定放棄減肥，對著鏡子裡雙眼凹陷但是小腹突出的自己說，我要出去買一大包的甜甜圈回來吃！正當我在穿衣服的時候，有了奇妙的感覺，因為鈕釦竟然不費絲毫力氣就扣上了，這是打從我買這條褲子以來從沒發生過的事情，這種感覺刺激了我的腎上腺激素，憂鬱的心情頓時一掃而空。

我在七天之內喝了二十四碗高麗菜湯，體重減少了二・三公斤，腰圍減少了一・七五吋，最重要的是我的手臂、大腿、小腹都同時瘦下來了，這是沒有跟魔鬼交易根本就辦不到的事情，由於很害怕會再有一次的減肥，所以第二天便立刻開始運動，也開始注意自己的飲食，我再也不想經歷

那一次的憂鬱，但是我的意志力還是一
天天的薄弱，結果六個月後失去的體重全
部又回來了。七年後的現在，體重當然又
增加了不少，不過自從那次以後，我再也
沒有煮過巫婆湯，我所做的努力，僅僅是
在速食店點漢堡套餐時，把可樂改成零卡可
樂，不過在我的心底，從來沒有放棄期待自己的
體重能夠「自然而然」瘦下來。

▾▴

要承認自己不是巫婆是很痛苦的，伊麗莎白很孤單，珍妮佛一樣喜歡她，只是我不明白為什麼小女孩要說謊，珍妮佛也很孤單，而且比伊麗莎白更想要朋友，她只是沒辦法說實話而已。她之所以對所有的事情漠不關心，能夠抱持超然的態度面對，是因為她知道反正自己也無法擁有，一個十二歲的小女孩要經歷過多少的事情與挫折，才能擁有如此智慧呢？不管怎麼說，珍妮佛始終只是威廉麥金里小學裡唯一的黑人小孩。

這些不是巫婆，身上沒有特別之處的小學五年級女孩們最後又成了朋友，不知道她們的友情有沒有持續到長大，我敢說伊麗莎白肯定將來會喝高麗菜湯減肥，那珍妮佛呢？她表面上應該會很不屑，她也會煮巫婆湯，不過不

是在伊麗莎白面前，而是回到家把門鎖上後才煮。

這本書是在一九七一年出版的，距今已經有五十年了，還是有許多女孩子做著想當巫婆的夢，不過我想煮巫婆湯來吃的女孩子應該更多，至少有珍妮佛、伊麗莎白、赫卡忒、馬克白夫人以及我，鄭恩芝。

## 《小巫婆求仙記》

E.L柯尼斯柏格

不管是誰都希望自己的存在是最特別的，可是又有幾個人做得到？現實的我和心目中理想的我是不可能重疊的，尤其是女生而且還是個小女孩！有一些人在討厭真實的自己之餘，會試圖相信虛構是真實的。有一些人不喜歡、嫌惡自己，開始捏造自己，有一天卻被朋友發現這一切都是謊言，對於這樣的人到底該責備還是原諒呢。

伊麗莎白之所以被珍妮佛吸引，是因為覺得她很特別，如果跟她在一起，自己好像也會很特別，但珍妮佛不是巫婆，她跟自己一樣都只是平凡的女孩，伊麗莎白具有勇往直前的勇氣，不會否定現實，說不定伊麗莎白才是真正的巫婆呢，她向珍妮佛伸出手而不是甩開她，她接受了平凡的女孩珍妮佛以及伊麗莎白。這本書原本的書名為《珍妮佛、赫卡忒、馬克白、威廉麥金里，以及我，伊麗莎白》。

# 謝詞

▼
▲

在我開始寫書以前，從來不知道自己具有作家最需要的特質「自我感覺良好」。很感謝韓文版總編輯孫熙慶小姐，在我動起逃避的念頭時，給我最冷靜理性的建議，當我有疑惑時有一個可以請益的對象，如果不是她，這些故事也就不可能變成書本可以放在書架上，而我也一如往常，像個幽靈在酒席、飯席上遊蕩然後消失。我也很謝謝幫我看初稿的金明男小姐，她很聰明、誠實，雖然在美食這一塊是個門外漢，不過卻是所有作家心目中最理想的「一般讀者」。我也很謝謝高陽市立圖書館，為了寫這本書，我大概看了兩百多本書，其中不乏許多已經絕版的，如果沒有圖書館我大概也求助無門了，不過給我更多幫助的還是非網路莫屬了，要是沒有谷歌，活在二〇一二年韓國的鄭恩芝是無法讀到活在一七九六年歐洲的倫佛德伯爵寫的作品，最感謝還是網路上許多和我一樣有同樣疑問的熱情網友們，告訴我究竟酸萊姆是什麼東西，又安妮做的蛋糕裡，是放了哪種止痛劑。不管是多細微的事情，網友們在討論版上也討論的如火如荼，這些資訊實在幫了我很大的忙，而且在爬文的過程我也非常樂在其中。

國家圖書館出版品預行編目(CIP)資料

我餐桌上的書：25部經典文學的美味人生／鄭恩芝著；李靜宜譯. -- 初版. -- 臺北市：健行文化出版：九歌發行, 民102.10
面；　公分. -- (愛生活；11)
ISBN 978-986-6798-73-3（平裝）
1. 飲食 2. 文集
427　　102017792

愛生活 11

# 我餐桌上的書

## 25部經典文學的美味人生

내 식탁 위의 책들

| | |
|---|---|
| 作者 | 鄭恩芝（정은지） |
| 譯者 | 李靜宜 |
| 責任編輯 | 曾敏英 |
| 發行人 | 蔡澤蘋 |
| 出版 | 健行文化出版事業有限公司<br>台北市105八德路3段12巷57弄40號<br>電話／02-25776564・傳眞／02-25789205<br>郵政劃撥／0112263-4<br>九歌文學網www.chiuko.com.tw |
| 排版 | 綠貝殼資訊有限公司 |
| 印刷 | 前進彩藝有限公司 |
| 法律顧問 | 龍躍天律師/・蕭雄淋律師・董安丹律師 |
| 發行 | 九歌出版社有限公司<br>台北市105八德路3段12巷57弄40號<br>電話／02-25776564・傳眞／02-25789205 |
| 初版 | 2013（民國102）年10月 |
| 定價 | 360元 |

| | |
|---|---|
| 書號 | 0207011 |
| ISBN | 978-986-6798-73-3 |

（缺頁、破損或裝訂錯誤，請寄回本公司更換）